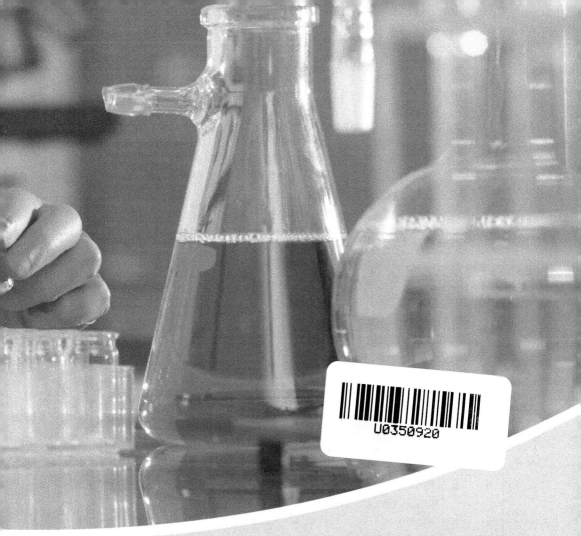

无机化学
分析与实验研究

WUJI HUAXUE FENXI YU SHIYAN YANJIU

蒲艳玲◎著

中国水利水电出版社
www.waterpub.com.cn
·北京·

内 容 提 要

本书以总论——无机化学的诠释为切入，共分两大部分。第一部分为无机化学分析，其内容包括出发气体、溶液和胶体分析，化学热力学与化学反应速率研究，酸碱平衡与沉淀溶解平衡研究，氧化还原反应与原子结构、分子结构，无机化学的分析理论与方法研究；第二部分则通过对操作与实验数据处理、实践两个方面来探究无机化学实验。全书体例新颖，内容系统、科学。

图书在版编目（CIP）数据

无机化学分析与实验研究 / 蒲艳玲著. -- 北京：
中国水利水电出版社, 2017.8 （2024.8重印）
ISBN 978-7-5170-5825-0

Ⅰ.①无… Ⅱ.①蒲… Ⅲ.①无机化学 – 化学分析②
无机化学 – 化学实验 Ⅳ.①O6

中国版本图书馆CIP数据核字（2017）第217309号

责任编辑：陈 洁　　封面设计：王 伟

书　　名	无机化学分析与实验研究 WUJI HUAXUE FENXI YU SHIYAN YANJIU
作　　者	蒲艳玲 著
出版发行	中国水利水电出版社 （北京市海淀区玉渊潭南路1号D座　100038） 网址：www.waterpub.com.cn E-mail：mchannel@263.net（万水）　　　　　sales@waterpub.com.cn 电话：（010）68367658（营销中心）、82562819（万水）
经　　售	全国各地新华书店和相关出版物销售网点
排　　版	北京万水电子信息有限公司
印　　刷	三河市天润建兴印务有限公司
规　　格	170mm×240mm　　16 开本　　13.75 印张　　239 千字
版　　次	2018 年 1 月第 1 版　　2024 年 8 月第 4 次印刷
册　　数	0001-2000 册
定　　价	52.00元

前　言

　　化学是一门实践性很强的学科，作为专业基础课的无机化学实验在整个化学学科教学中占有重要的地位。为适应社会经济发展对高素质应用型化学人才的需要，针对无机化学在实验过程中的特点，本书探讨了无机化学的理论基础、无机化学实验准备及实验室管理过程中几点创新与实践。

　　本书内容简明扼要、重点突出，叙述深入浅出。同时在内容选择和体系编排上，考虑了无机及分析化学学科的系统性、规律性和科学性，又兼顾相关专业对无机及分析化学的不同需求，注重基础知识、基础理论的介绍。本书向读者提供了化学学科最新的科学技术信息，阅读者可以更便捷的获取化学信息，开阔视野。

　　全书共7章，论述了溶液和胶体、化学动力学基础、化学热力学基础及化学平衡、物质结构简介、元素选论、酸碱平衡与沉淀溶解平衡、电极电势与氧化还原平衡等基础理论以及分析化学的有关知识，包括分析化学概论、滴定分析法、重量分析法、紫外—可见分光光度法、电势分析法、分析化学中的分离方法等。

　　本书在撰写过程中，立足于我国无机化学发展现状及实际要求，结合无机化学自身学科的特点，以满足实践需要为度，突显技术的实践性和实用性。另外，本书还有以下两个方面的特点值得一提。一是论述科学、严谨。书中绝大部分的理论都是在实践的基础上经过认真、深入地思考，并多次求教于专家后提出的；二是将理论和实践相结合，并且采用图文并茂的载体形式使原本抽象的变得生动、具体，这样更易于学习者接受和掌握，以适应企业对人才专业面宽的要求。

　　由于《无机化学分析与实验研究》涉及的内容繁多，同时也参考、借鉴了不少学者专家的理论与作品，在此向他们表示衷心的感谢。另外，由于时间、研究能力等方面的问题，难免会有不足之处，诚请有关专家、同行及广大读者予以批评指正。

作　者
2017年7月

目 录

第 1 章
气体、溶液和胶体分析

1.1 气体的状态与定律分析

1.1.1 理想气体的状态分析

理想气体是以实际气体为根据抽象而成的模型，实际中并不存在，只是为了使实际问题简化，而形成的一个标准。对实际问题的解决可以从这一标准出发，通过修正得以解决。它假设分子自身不占体积，只看成有质量的几何点，且分子间没有作用力，分子间及分子与器壁间的碰撞是完全弹性碰撞，无动能损失。将这样的气体称为理想气体。

高温低压下，实际气体分子间的距离相当大，气体分子自身的体积远远小于气体占有的体积，同时分子间的作用力极弱，此时的实际气体很接近理想气体，这种抽象具有实际意义。

经常用于描述气体性质的物理量有压强（p）、体积（V）、温度（T）和物质的量（n）。早在 17～18 世纪，科学家们就探索出了它们之间的变化规律，并提出了波义耳定律和查理-盖吕萨克定律。到 1811 年，意大利的物理学家阿伏加德罗（A.Avogadro）提出假设：在同温同压下同体积气体含有相同数目的分子，后来原子-分子论确立后，形成了阿伏加德罗定律。

波义耳定律认为：当 n 和 T 一定时，气体的 V 与 p 成反比，表示为

$$V \propto \frac{1}{p}$$

查理-盖吕萨克定律认为：当 n 和 p 一定时，气体的 V 与 T 成正比，表示为

$$V \propto T$$

阿伏加德罗定律认为：当 p 和 T 一定时，气体的 V 和 n 成正比，表示为

$$V \propto n$$

综合以上三个经验公式，可得

$$V \propto \frac{nT}{p}$$

实验测得其比例系数是 R，则

$$V = \frac{nRt}{p} \text{ 或 } pV = nRt$$

上式即理想气体状态方程。

其变形公式：

$$p = \frac{n}{V}RT = cRT$$

$$pV = \frac{m}{M}RT$$

式中，p—气体的压强，单位为帕斯卡（Pa）；
V—体积，单位为立方米（m^3）；
n—物质的量，单位为摩尔（mol）；
T—热力学温度，单位为开尔文（K）；
R—摩尔气体常数。

1.1.2 实际气体的状态分析

实际工作中，当压力不太高、温度不太低的情况下，气体分子间的距离大，分子本身的体积和分子间的作用力均可忽略，气体的压力、体积、温度以及物质的量之间的关系可近似地用理想气体状态方程来描述。

理想气体状态方程是一种理想的模型，仅在足够低的压力和较高的温度下才适合于真实气体。对某些真实气体（如He、H_2、O_2、N_2等）来说，在常温常压下能较好地符合理想气体状态方程；而对另一些气体（如CO_2、H_2O等），将产生1%～2%的偏差，甚至更大（图1-1），压力增大，偏差也增大。

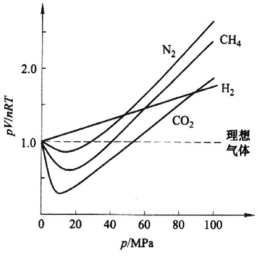

图1-1　几种气体的pV/nRT-p（200K）

针对实际气体偏离理想气体状态方程的情况，人们提出了修正气体状态方程的问题。人们通过实验总结出200多个描述真实气体的状态方程，其中，荷兰物理学家范德华（J.D.Vall der Waals）于1873年提出的范德华方程最为著名，其表达式如下：

$$\left(p + a\frac{n^2}{V^2}\right)(V - nb) = nRT$$

上式既考虑了真实气体的体积，又考虑了真实气体分子间的相互作用力，对理想气体状态方程进行了两项修正。

第一项修正是考虑体积因素。由于气体分子是有体积的（其他分子不能进入的空间），故扣除这一空间才是分子运动的自由空间，即理想气体的体积。设1mol气体的自身体积为b，则

$$V_{理想} = V - nb$$

第二项修正是对压力项进行修正，要考虑分子间力对压力的影响。当某一分子运动至器壁附近（发生碰撞），由于分子间的吸引作用而减弱了对器壁的碰撞作用，使实测压力比按理想气体推测出的压力要小，故应在实测压力的基础上加上由于分子间力而减小的压力才等于理想气体的压力。

1.1.3气体扩散定律

1831年，英国物理学家格拉罕姆（Graham）指出，同温同压下某种气态物质的扩散速度与其密度的平方根成反比，这就是气体扩散定律。若以u表示扩散速度，ρ表示密度，则有

$$u \propto \sqrt{\frac{1}{\rho}}$$

如果A、B两种气体的扩散速度和密度分别用u_A，u_B和ρ_A，ρ_B表示，由气体扩散定律得

$$\frac{u_A}{u_B} = \sqrt{\frac{\rho_B}{\rho_A}}$$

因为同温同压下，气体的密度ρ与其相对分子质量M成正比，所以式子可以写成

$$\frac{u_A}{u_B} = \sqrt{\frac{M_{r,B}}{M_{r,A}}}$$

即同温同压下，气体的扩散速度与其相对分子质量的平方根成反比。

1.2 溶液的浓度和稀溶液的通性分析

1.2.1溶液的浓度

1.溶液

溶液是一种物质以分子、原子或离子的形式分散在另一种物质中，所形成的均匀稳定的分散体系。按照这一概念，溶液可存在三种状态，即气态溶液、液态溶液和固态溶液。空气就是一标准的气态溶液，而常用的合金则是固态溶液。但从狭义上讲，一般溶液都是指液态溶液。

需要注意的是，溶液既不是化合物，也不是简单的混合物，其微观结构和性质极其复杂。当溶质溶解后，其结构和性质均发生改变。同样，当接受溶质后，溶剂的微观结构和性质也发生相应变化。在人们研究的体系中，溶液可谓是最复杂的体系。

2.溶液的组成

溶液均由溶质和溶剂两部分组成。由固体和液体、气体和液体组成的溶液，液体就是溶剂，固体和气体则是溶质；由液体和液体组成的溶液，往往量多的是溶剂，量少的是溶质。

但水可看做是恒溶剂，如在质量分数为95%的乙醇、浓硫酸、浓盐酸中，溶剂就是水。在有机化学中也有一些恒溶剂，如乙醇、乙醚、丙酮、煤油、四氯化碳、二硫化碳等。

3.溶液的浓度

溶液的浓度是指一定量的溶液或溶剂中含有的溶质的量。最常用的浓度表示方法有以下几种。

（1）质量分数w_B

代表溶质的质量（m_B）占溶液总质量（m）的分数，常用百分数表示。

$$w_B = \frac{m_B}{m} \times 100\%$$

如市售浓硫酸的质量分数为$w_{H_2SO_4} = 98\%$。

（2）体积分数φ_B

代表溶质的体积（V_B）占溶液总体积（V）的分数，常用百分数表示。

$$\varphi_B = \frac{V_B}{V} \times 100\%$$

如市售医用消毒酒精的体积分数为$\varphi_{乙醇}=75\%$。

（3）物质的量分数（通常称为摩尔分数）χ_B

即溶质的物质的量（n_B）与整个溶液中所有物质的物质的量（n）之比。

$$\chi_B = \frac{n_B}{n}$$

（4）物质的量浓度（通常称为摩尔浓度）c_B

即单位体积溶液中溶解的溶质的物质的量（n_B），按国际单位制应为$mol \cdot m^{-3}$，但因数值通常太大，使用不方便，所以普遍采用$mol \cdot L^{-1}$或$mmol \cdot L^{-1}$。

$$c_B = \frac{n_B}{V}$$

（5）质量浓度ρ_B

即溶液中溶质的质量（m_B）与溶液体积（V）之比，按国际单位制应为$kg \cdot m^{-3}$，常用单位为$g \cdot L^{-1}$或$mg \cdot L^{-1}$。

$$\rho_B = \frac{m_B}{V}$$

（6）质量摩尔浓度b_B

即每千克溶剂中溶解的溶质的物质的量（n_B），单位为$mol \cdot kg^{-1}$。

$$b_B = \frac{n_B}{m_A}$$

式中，m_A表示溶剂的质量。

溶液的质量摩尔浓度与温度无关。

4.溶解度

在一定温度和压力下，一定量的饱和溶液中溶解的溶质的量称为该溶质的溶解度。一般情况下，固体的溶解度是用100 g溶剂中能溶解的溶质的最大质量（g）表示，气体的溶解度则用体积分数表示。

影响溶解度的因素主要有温度和压力。温度升高，固体的溶解度往往增大，而气体的溶解度则普遍减小；压力增大，气体的溶解度均直线增大，而固体的溶解度变化很小。

1.2.2 稀溶液的通性

不同的溶液有不同的性质，电解质溶液的性质与非电解质溶液的性质往往差别较大。这些性质的特点是只取决于溶质在溶液中的质点数，而与溶质的组成、结构和性质无关，且只要测定出其中的一种性质就可以推算其余的几种性质。

1.蒸气压下降

（1）蒸气压

在一定温度下，将某一液体放入一密闭容器，由于液体分子的热运动，成为蒸气分子，这个过程称为蒸发或者气化，蒸发属于吸热过程。由于液体在一定温度时的蒸发速率是恒定的，蒸发刚开始时，蒸气分子不多，凝聚的速率远小于蒸发的速率。随着蒸发的进行，蒸气浓度逐渐增大，凝聚的速率也就随之加大。当液体的凝聚速率和蒸发速率相等时，液体和它的蒸气就处于两相平衡状态，此时的蒸气称为饱和蒸气。饱和蒸气所产生的压力称为该温度下液体的饱和蒸气压，简称蒸气压。以水为例，在一定的温度下达到相平衡，即

$$H_2O(l) \underset{凝聚}{\overset{蒸发}{\rightleftharpoons}} H_2O(g)$$

$H_2O(g)$ 所具有的压力 $p(H_2O)$ 即为该温度下的蒸气压。例如，在273.15K时，$p(H_2O)=0.611$ kPa；在373.15 K时，$p(H_2O)=101.325$ kPa。

蒸气压的大小表示了液体分子向外逸出的趋势，它只与液体的性质和温度有关。通常蒸气压大的物质被称为易挥发物质，蒸气压小的物质被称为难挥发物质。

（2）溶液的蒸气压下降

法国物理学家拉乌尔（Raoult）在1887年研究了几十种溶液蒸气压与溶质浓度的关系后，总结得出：在一定温度下，难挥发非电解质稀溶液的蒸气压等于纯溶剂的饱和蒸气压乘以该溶剂在溶液中的摩尔分数，即

$$p = p^{\ominus} \cdot \chi_A$$

这就是拉乌尔（Raoult）定律，p 为溶液的饱和蒸气压；$p^{\ominus}$ 为纯溶剂的饱和蒸气压；χ_A 为溶液中溶剂的摩尔分数。

对于一个双组分来说，$\chi_B + \chi_A = 1$，所以 $p = p^{\ominus}(1 - \chi_B) = p^{\ominus} - p^{\ominus}\chi_B$，可得

$$\Delta p = p^{\ominus} - p = p^{\ominus} \cdot \chi_B$$

式中，χ_B 代表溶质的摩尔分数。

在稀溶液中，由于 $n_A \geqslant n_B$，所以

$$\chi_B = \frac{n_B}{n_A + n_B} \approx \frac{n_B}{n_A} = \frac{n_B}{m_A / M_A} = \frac{n_B}{m_A} M_A \approx b_B M_A$$

带入拉乌尔定律表达式中，可得出稀溶液蒸气压下降与质量摩尔浓度 b_B 之间的关系

$$\Delta p = p^\ominus \cdot \chi_B = p^\ominus M_A b_B = K b_B$$

因此，拉乌尔定律又可表述为，在一定温度下，难挥发非电解质稀溶液的蒸气压下降与溶液的质量摩尔浓度成正比，而与溶质的本性无关。在一定温度下 K 是一个常数，只与溶剂的本性有关。

如图1-2所示，对拉乌尔定律可以这样理解，与纯溶剂的蒸发相比，当溶液中溶解了难挥发性物质后，溶质分子的存在会阻碍溶剂分子穿过溶液表面进入空间变为气态分子，这样当溶剂的蒸发和凝聚达到平衡时，气态分子的数目就要比与纯溶剂相平衡的气态分子数少，因此溶液的饱和蒸气压 p 低于纯溶剂的饱和蒸气压 $p^\ominus$，如图1-3所示。而且从分子运动论的观点考虑，p 与 $p^\ominus$ 的差值正比于溶液中溶质质点的比例（即摩尔分数）。如表1-1所示列出了293K时不同浓度的葡萄糖水溶液的蒸气压下降值。

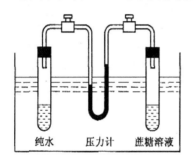

图1-2 非电解质稀溶液蒸汽压下降示意图

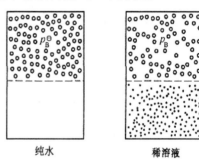

图1-3 纯水和稀溶液的蒸汽压对比示意图

表1-1 293 K时不同浓度的葡萄糖水溶液的蒸气压下降值

m/（mol·kg⁻¹）	Δp（理论计算值）/Pa	Δp（实验测量值）/Pa
0.0984	4.1	4.1
0.3945	16.5	16.4
0.5858	24.8	24.9
0.9968	41.0	41.2

【例1】已知苯在293 K时的饱和蒸气压为9.99 kPa，现将1.00 g某未知有机物溶于10.00 g苯中，测得溶液的饱和蒸气压为9.50 kPa。试求该未知物的分子量。

解：设该未知物的分子量为 M，根据拉乌尔定律 $\Delta p = p^\ominus - p = p^\ominus \cdot \chi_B$，有

$$9.99 - 9.50 = 9.99 \times \frac{1.00/M}{1.00/M + 10.00/78}$$

$$M = 151$$

需要指出的是，从理论上严格地讲，只有理想溶液才在任何浓度时都遵守拉乌尔定律。一般拉乌尔定律适用于溶质为难挥发的非电解质，溶液为稀溶液（浓度小于 $5mol \cdot kg^{-1}$ 的溶液为稀溶液）。若溶质是易挥发的，则溶液的饱和蒸气压就包括溶质的饱和蒸气压和溶剂的饱和蒸气压两部分，其数值常常大于同温度下纯溶剂的饱和蒸气压。如乙醇、醋酸、丙酮等水溶液的饱和蒸气压就大于纯水的饱和蒸气压。

2.沸点升高和凝固点降低

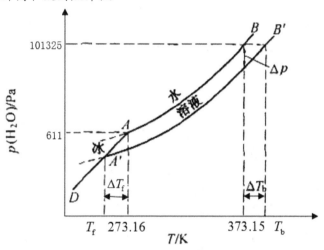

图1-4 水溶液的沸点升高和凝固点降低示意图

溶液的沸点升高是溶液蒸气压下降的必然结果。溶液浓度越大，沸点升高越显著。根据实验研究，难挥发的非电解质的稀溶液的沸点升高值 ΔT_b 与溶液的质量摩尔浓度成正比，与溶质的本性无关，即

$$\Delta T_b = K_b \cdot b_B$$

式中，ΔT_b 为溶液的沸点升高值；K_b 为溶剂的沸点升高常数；b_B 为溶液的质量摩尔浓度，如图1-4所示。

K_b 的数值大小只决定于溶剂本身，不同的溶剂数值不同，其中水的 K_b 等于0.512。常见溶剂的 K_b 值见表1-2，为几种常见溶剂的 K_b 和 K_f 值。

表1-2　几种常见溶剂的沸点升高常数K_b和凝固点降低常数K_f

溶剂	$T^{\ominus}/\mathrm{K}$	$K_b/(\mathrm{K\cdot kg\cdot mol^{-1}})$	$T^{\ominus}/\mathrm{K}$	$K_f/(\mathrm{K\cdot kg\cdot mol^{-1}})$
水	373.15	0.512	273.15	1.885
乙醇	351.65	1.22	155.85	–
丙酮	329.35	1.71	177.8	–
苯	353.25	2.53	278.65	4.9
乙酸	391.05	3.07	289.75	3.9
氯仿	334.85	3.63	209.65	–
萘	492.05	5.80	353.65	6.87
硝基苯	483.95	5.24	278.85	7.00
苯酚	454.85	3.65	316.15	7.40

　　溶液的沸点升高和凝固点降低可以用来测定溶质的摩尔质量。由于水的凝固点降低常数比沸点升高常数大，测定结果准确度高，所以用凝固点降低的方法测定相对分子质量应用更为广泛。

　　3.渗透压

　　渗透是指溶剂分子透过半透膜从纯溶剂向溶液或从稀溶液向浓溶液的净迁移过程。在现实生活中，一些水果和蔬菜放置时间长了，会失去水分而发蔫。但如果将其放在水中浸泡一会，会发现它们重新变得生机盎然。产生这种现象的原因就在于大多数水果和蔬菜的表皮是一层半透膜，它只允许水分子通过，而不允许其他分子透过。天然的半透膜还有动物的膀胱、肠衣等，人工合成的半透膜有聚砜纤维膜等。

　　在一个容器中间放置一张半透膜，容器一边放入纯溶剂水，另一边放入非电解质稀溶液，并使半透膜两边的液面高度相同。放置一段时间后，会发现纯溶剂水通过半透膜向稀溶液中渗透，造成纯溶剂的液面逐渐下降，而稀溶液的液面逐渐升高，最后达到一平衡状态，如图1-5（a）所示。这样就在溶液与纯溶剂之间产生了一个压力差，由于此压力差的产生是由溶剂的渗透造成的，所以将其称为渗透压（Osmotic Pressure），用符号π表示。此时若在浓度高的溶液一侧液面施加一定的外压，可以阻止溶剂分子的净移动。当施加的压力等于渗透压π时，溶剂两侧液面恢复相同，如图1-5（b）所示。所以渗透压其实就是为了阻止渗透作用而需加给溶液侧的额外压力。当施加的外压大于π时，溶剂分子会从浓溶液侧向稀溶液或向稀溶液侧溶剂方向移动，这种现象称为反渗透（Reverse Osmosis）。反渗透技术可用来进行海水的淡化处理或用于废水处理。

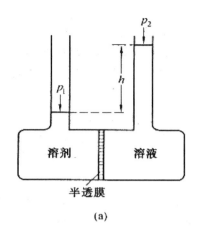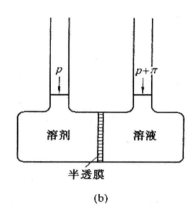

图1-5 渗透压示意图

产生渗透现象必须具备两个必要条件：有半透膜的存在和膜两侧单位体积内溶剂分子数不相等。1886年，荷兰物理学家范特霍夫（Van't Hoff）指出"稀溶液的渗透压与温度、溶质浓度的关系同理想气态方程一致"，即

$$\pi = c_B RT$$

式中，c_B为溶液的物质的量浓度；R为气体常数（其取值决定于π和c_B的量纲）；T为绝对温度。

对于稀溶液来说，物质的量浓度约等于质量摩尔浓度b_B，故上式又可表示为

$$\pi = b_B RT$$

渗透现象在现实生活中随处可见，俗话说"山有多高，水有多高"，实际上树有多高，水也有多高，这些水绝大多数是通过自然界中的半透膜渗透到山顶或树顶的。

1.3 胶体与界面化学分析

1.3.1 胶体与表面能

1.胶体

胶体是颗粒直径为1～100 nm的分散质分散到分散剂中，形成的多相系统（高分子溶液除外）。

由于胶体是一个多相系统，因此相与相之间就会存在界面，有时也将

相与相之间的界面称为表面。分散系中分散质的分散程度常用比表面积来衡量，所谓比表面积就是单位体积内分散质的总面积。其数学表达式为：

$$S_o = \frac{S}{V}$$

式中，S_o为比表面积；S为总面积；V为总体积。假设分散质粒子是一个边长为L的立方体，总共有n个，每个立方体的表面积和体积分别是$6L^2$、L^3，则比表面积为

$$S_o = \frac{n \times 6L^2}{L^3} = \frac{6}{L}$$

由此可见，分散质的颗粒越小，则比表面积越大，因而系统的分散度越高。由于胶体分散质的颗粒直径很小，胶体的分散度很高，系统的比表面积相当大。因此胶体的表面性质非常显著，这些表面性质使胶体具有与其他分散系不同的性质。

2.表面能

任何表面（严格来说应是界面，一般只是将固-液和液-气界面称为表面）粒子所受的作用力与内部相同粒子所受的作用力大小和方向并不相同。对于处于同一相的粒子来说，其内部粒子由于同时受到来自其周围各个方向且大小相近的力的作用，因此它所受到总的作用力为零。而处在表面的粒子就不同了，由于在它周围并非都是相同粒子，所以它所受到的作用力的合力就不等于零。该表面粒子总是受到一个与界面垂直方向的作用力。因此表面粒子比内部粒子有更高的能量，这部分能量称为表面自由能，简称表面能。表面积越大，表面能越高，系统越不稳定。因此液体表面有自动收缩到最小的趋势，以减小表面能。同时表面吸附也是降低表面能的有效途径之一。

3.表面吸附

吸附是指物质的表面自动吸住周围介质分子、原子或离子的过程。具有吸附能力的物质称为吸附剂，而被吸附的物质称为吸附质。吸附剂的吸附能力与比表面有关，比表面越大，吸附能力越强。通过吸附改善了吸附剂表面粒子的受力情况，从而降低了表面自由能，使其从高能态不稳定系统变为低能态稳定系统，因而吸附过程是一个放热过程，也是一个自发过程。

（1）固体对气体的吸附

固体对气体的吸附往往是一个可逆过程。气体分子自动吸附在固体表面，这个过程是吸附；吸附在固体表面的气体分子由于热运动而脱离固体表面，这个过程叫解吸。表示如下：

[吸附剂]+[吸附质]⇌[吸附剂·吸附质]+吸附热

当吸附和解吸的速率相等时，上述过程达到平衡，称为吸附平衡。固体对气体的吸附实际上有很多应用，如制备SO_3时，就是反应物被吸附在催化剂V_2O_5表面上而被活化，从而加快反应速率的。

（2）固体在溶液中的吸附

固体在溶液中的吸附比较复杂，它不但能吸附溶质，而且能吸附溶剂。根据固体对溶液中的溶质的吸附情况不同，可将固体在溶液中的吸附分为两类，一类是分子吸附，另一类是离子吸附。

1.3.2 溶胶的性质

1.光学性质

如果将一束强光射入胶体溶液时，我们从光束的侧面可以看到一条发亮的光柱，如图1-6所示。这种现象是英国科学家丁达尔（J.Tyndall）在1869年发现的，故称为丁达尔现象。

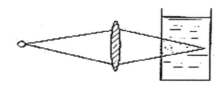

图1-6 丁达尔现象

丁达尔现象的本质是光的散射。当光线射到分散质颗粒上时，可以发生两种情况，一种是入射光的波长小于颗粒时，便会发生光的反射；另一种是入射光的波长大于颗粒时，便会发生光的散射。可见光波长为400～760 nm，胶体颗粒为1～100 nm，因此，可见光通过胶体就会有明显的散射现象，每个微粒就成一个发光点，从侧面可看到一条光柱。当光通过以小分子或离子存在的溶液时，由于溶质的颗粒太小，不会发生散射，主要是透射。因此，可以根据丁达尔现象来区分胶体和溶液。

普通显微镜只能看到直径为200 nm以上的粒子，是看不到胶体粒子的，而根据胶体对光的散射现象设计和制造的超显微镜却可以观察到直径为50～150 nm的粒子。超显微镜的光是从侧面照射胶体，因而在黑暗的背景中进行观察，会看到由于散射作用胶体粒子成为一个个的发光点。应该注意的是，超显微镜下观察到的不是胶体中的颗粒本身，而是散射光的光点。

2.动力学性质

在超显微镜下可以观察到胶体中分散质的颗粒在不断地作无规则运动，这是英国植物学家布朗（Brown）在1827年观察花粉悬浮液时首先看到的，故称这种运动为布朗运动，如图1-7所示。

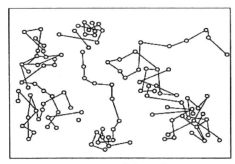

图1-7 布朗运动

由于胶体粒子的布朗运动，所以能自发地从浓度高的区域向浓度低的区域流动，即有扩散作用，但因粒子较大，所以扩散速度比溶液慢许多。同理，胶体也有渗透压，但由于胶体的稳定性小，通常不易制得浓度很高的胶体，所以渗透压很小。

3.电学性质

在外加电场的作用下，胶体的微粒在分散剂里向阴极或阳极作定向移动的现象，称为电泳。

在一个U形管中装入新鲜的红褐色胶体，上面小心地加入少量无色NaCl溶液，两液面间要有清楚的分界线。在U形管的两个管口各插入一个电极，通电一段时间后便可以观察到，在阴极端红褐色的胶体的界面上升，而在阳极端界面下降。这表明，胶体粒子是带电荷的，而且是带正电荷，在电场影响下向阴极移动，如图1-8所示。

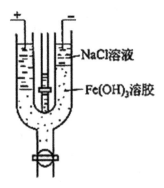

图1-8 电泳

同样的实验方法，发现As_2O_3胶体粒了向阳极移动，表明As_2O_3胶体带负电。如果让胶体通过多孔性物质（如素烧瓷片、玻璃纤维等），胶粒被吸附而固定不动，在电场作用下，液相将通过多孔性固体物质向一个电极方向移动。而且液相的移动方向总是和胶体粒子的电泳方向相反。

电动现象说明胶体粒子是带电荷的，而胶体粒子带电的原因主要有两种：

（1）吸附作用

胶体粒子具有较大的比表面积和较强的吸附作用，在液相中存在电解质时，胶体粒子会选择性地吸附某些离子，从而使胶体粒子带上与被选择吸附的离子相同符号的电荷。例如用$FeCl_3$水解来制备$Fe(OH)_3$胶体溶液时，Fe^{3+}水解反应是分步进行的，除了生成$Fe(OH)_3$以外，还有FeO^+生成。

$$FeCl_3+3H_2O=Fe(OH)_3+3HCl$$

$$FeCl_3+2H_2O=Fe(OH)_2Cl+2HCl$$

$$Fe(OH)_2Cl=FeO^++Cl^-+H_2O$$

由大量的$Fe(OH)_3$分子聚集而成的胶体颗粒，优先吸附了与它组成有关的FeO^+而带正电荷。

又如通H_2S气体到H_3AsO_3溶液中以制备As_2S_3胶体时，由于溶液中过量的H_2S又会电离出H^+和HS^-，As_2S_3优先吸附HS^-而使胶体带负电。

$$2H_3AsO_3+3H_2S=As_2S_3+6H_2O$$

（2）电离作用

有部分胶体粒子带电是由于自身表面电离所造成的。例如硅酸胶体的粒子就是由许多硅酸分子缩合而成的，表面上的硅胶分子可以电离，电离后进入溶液，附着在粒子表面而使粒子带负电荷。

$$H_2SiO_3=HSiO_3^- + H^+$$
$$HSiO_3^-=SiO_3^{2-} + H^+$$

应该指出，胶体粒子带电原因十分复杂，以上两种情况只能说明胶体粒子带电的某些规律。至于胶体粒子究竟怎样带电，或者带什么电荷都还需要通过实验来证实。

1.3.3 胶团的结构

胶体微粒的中心是由许多分子聚集而成的直径大小约为$1 \sim 100$ nm的颗粒，该颗粒称为胶核。胶体的性质与其内部结构有关。胶核是不带电的。由于胶核颗粒很小，分散度高，因此具有较高的表面能，如果此时系统中存在过剩的离子，胶核就要优先选择吸附溶液中与其组成有关的某种离子，因而使胶核表面带电。这种决定胶体带电的离子称为电位离子。带有电位离子的胶核，由于静电引力的作用，还能吸引溶液中带有相反电荷的离子，称为反离子。在这些反离子中，有些反离子离胶核较近，联系较紧密，当带电的胶核移动时，它们也随着一同移动，称为吸附层反离子，它和电位离子一起构成了吸附层。胶核连同吸附层的所有离子称为胶粒。

在胶粒中，由于吸附层的反离子不能完全中和电位离子的电荷，所以胶粒是带电的，其电荷符号决定于电位离子的符号。由于反离子本身有扩散作用，离胶核较远的反离子受异电引力较弱，而有较大的自由，这部分反离子称为扩散层反离子，它们构成扩散层。吸附层和扩散层的整体称为扩散双电层。胶核、吸附层和扩散层构成的整体称为胶团。在胶团中，电位离子的电荷总数与反离子的电荷总数相等，因此整个胶团是电中性的。

1.3.4 溶胶的稳定性和聚沉

1.溶胶的稳定性

溶胶是相对比较稳定的，例如，碘化银胶体可以存放数年而不沉淀。是什么原因阻止了胶体微粒相互碰撞聚集变大呢?研究表明，溶胶的稳定性因素有两方面，一种是动力稳定因素，另外一种是聚集稳定因素。

（1）动力稳定因素

从动力学角度看，胶体粒子质量较小，其受重力的作用也较小，而且由于胶体粒子不断地在做无规则的布朗运动，克服了重力的作用从而阻止了胶粒的下沉。

（2）聚集稳定因素

由于胶核选择性地吸附了溶液中的离子，导致同一胶体的胶粒带有相同电荷，当带同种电荷的胶体粒子由于不停地运动而相互接近时，彼此间就会产生斥力，这种斥力将使胶体微粒很难聚集成较大的粒子而沉降，有利于胶体的稳定。

2.溶胶的聚沉

胶粒聚集成较大颗粒而沉降的过程叫做溶胶的聚沉，方法一般有以下三种。

（1）加电解质

电解质对溶胶的聚沉能力不同。通常用聚沉值来比较各种电解质对溶胶的聚沉能力的大小。使一定量的溶胶在一定时间内完全聚沉所需的电解质的最低浓度（$mmol \cdot L^{-1}$）称为聚沉值。聚沉值越小，聚沉能力越大。反之，聚沉值越大，聚沉能力越小。电解质对溶胶的聚沉作用，主要是异电荷的作用。负离子对带正电荷的溶胶起主要聚沉作用，而正离子对带负电荷的溶胶起主要聚沉作用。聚沉能力随着离子电荷的增加而显著增大，此规律称为叔采-哈迪（Schulze-Hardy）规则。

生活中有许多溶胶聚沉的实例，如江河入海处常形成有大量淤泥沉积的三角洲，其主要原因之一就是海水含有大量盐类，当河水与海水相混合时，河水中所携带的胶体物质（淤泥）的电荷部分或全部被中和而引起了凝结，淤泥、泥砂粒子就很快沉降下来。

（2）加入相反电荷的胶体

将两种带相反电荷的胶体溶液以适当的数量混合，由于异性相吸，互相中和电性，也能发生凝结。

（3）加热

加热可以使胶体粒子的运动加剧，增加胶粒相互接近或碰撞的机会，同时降低了胶核对离子的吸附作用和水合程度，促使胶体凝结。

3.高分子溶液对溶胶的作用

由相对分子质量在10 000以上的许多天然物质，如淀粉、纤维素、蛋白质及人合成的塑料、树脂等高分子化合物溶于水或其他溶剂中所得的溶液称为高分子溶液。高分子溶液对溶胶的作用有两方面，一方面是对溶胶的保护作用，另一方面是对溶胶的絮凝作用。

在溶胶中加入适量的高分子化合物，就会提高溶胶对电解质的稳定性，这就是高分子对溶胶的保护作用。原因是高分子化合物具有线形结构，能被卷曲地吸附在胶粒的表面，包住胶粒，形成了一个高分子保护膜，增强了溶胶抗电解质的能力，从而使胶粒稳定。例如在健康人的血液中含的难溶盐（碳酸镁、磷酸镁等）是以溶胶状态存在的，并被血清蛋白保护着。当人生病时，血液中的血清蛋白含量减少了，这样就有可能使溶胶发生聚沉而堆积在身体的各个部位，使新陈代谢作用发生故障，形成肾脏、肝脏等结石。

如果在溶胶中加入的高分子化合物较少，就会出现一个高分子化合物同时吸附着几个胶粒的现象。此时非但不能保护溶胶，反而使胶粒互相粘连形成大颗粒，从而失去动力学稳定性而聚沉。这种由于加入高分子溶液，使溶胶稳定性减弱的作用称为絮凝。生产中常常利用高分子对溶胶的絮凝作用进行污水处理和净化、回收矿泥中的有效成分以及产品的沉淀分离。

第 2 章
化学热力学与化学反应速率研究

2.1 化学热力学的定律与热化学

2.1.1热力学基本概念及术语

1.系统与环境

热力学研究的对象是由大量粒子所组成的宏观物体。通常将被划做为研究对象的物体称为系统，系统周围与系统有密切联系的其余部分称为环境。根据系统与环境之间物质交换和能量交换的关系可将系统分为三类，敞开系统、封闭系统和孤立（或隔离）系统。注意，系统与环境的划分具有相对性。

2.状态与状态函数

一个系统的状态是由它的一系列物理量确定的，当所有物理量都有确定的值时系统就处于一定的状态。如果其中任何一个物理量发生变化，系统的状态就随之改变，把决定系统状态的物理量称为状态函数。

状态函数的特征：

①状态函数是状态的单值函数，即状态一定时状态函数的值也一定；

②状态从始态变化到终态，状态函数的变化值只与始终态有关，而与变化所经过的途径无关；

③状态经历一个循环变化回复到始态，状态函数的值不变，故状态函数的特征为"状态函数有特征，状态一定值一定，殊途同归变化等，周而复始变化为零"。

系统的任一状态函数都是其他状态变量的函数。经验表明，对于一定量的纯物质或组成确定的系统，只要两个独立的状态变量确定（通常为p、V、T中的任意两个），状态也就确定，其他状态函数也随之确定。

3.过程与途径

系统的状态发生的所有变化称为过程；完成一个过程系统所经历的具体步骤称为途径。

热力学上经常遇到的过程有下列几种。

①恒温过程。系统始、终态温度与环境的温度相等并恒定不变的过程，即

$$T_1 = T_2 = T_{ex}$$

②恒压过程。系统始、终态压力与环境的压力相等且恒定不变的过

程，即

$$p_1 = p_2 = p_{ex}$$

③恒容过程。系统体积恒定不变的过程。

④绝热过程。系统与环境之间无热量传递的过程。

⑤循环过程。系统经一系列变化又回到初始状态的过程。

⑥克服恒外压膨胀过程。系统克服恒定外压膨胀的过程，即

$$p_1 > p_2; \quad p_2 = p_{ex}$$

注意：克服恒外压膨胀过程与恒压过程是两个不同的概念。

2.1.2 热力学第一定律

1.热和功

热和功是系统状态发生变化时与环境能量交换的两种形式。由于系统与环境之间的温度差所引起的能量交换称为热，用符号 Q 表示。按国际惯例，系统吸热 Q 为正，系统放热 Q 为负。除热交换外，系统与环境之间的一切其他能量交换均称为功，用符号 W 表示。按国际惯例，环境对系统做功，W 为正，系统对环境做功，W 为负。功有多种形式，通常分为体积功和非体积功两大类，由于系统体积变化反抗外力所做的功称为体积功，其他形式的功统称为非体积功，如表面功、电功等。注意，系统与环境之间交换的热和功除了与系统的始、终态有关外，还与过程所经历的具体途径有关，故热和功是途径函数。

2.热力学能

热力学能又称为内能，是指蕴藏于系统内所有粒子除整体势能及整体运动动能之外的全部能量的总和。它包括分子运动的动能、分子间相互作用的势能及分子内部的能量。

热力学能是系统的状态函数，用符号 U 表示，具有能量的单位。热力学能的绝对值无法测量，但可用热力学第一定律来计算状态变化时热力学能的变化值 ΔU。

3.热力学第一定律

在热力学中，我们要研究当系统从一种状态变到另一种状态时所发生的能量变化。人们在长期实践的基础上得出这样一个经验定律：在任何过程中，能量是不会自生自灭的，只能从一个物体传递给另一个物体，从一种形式转化为另一种形式，在转化和传递过程中能量的总值不变。这就是热力学第一定律。

热力学第一定律可用数学表达式表示为

$$\Delta U = Q + W$$

式中，ΔU为系统状态发生变化时热力学能的变化，而Q和W为系统在状态变化过程中与环境交换的热和功。热力学第一定律反映了系统状态变化过程中能量转化的定量关系。

2.1.3 热化学

1.化学反应热与焓

化学反应热是指等温反应热，即当系统发生化学变化后，使反应产物的温度回到反应前始态的温度，系统放出或吸收的热量。化学反应热通常有恒容反应热和恒压反应热两种。现从热力学第一定律来分析其特点。

（1）恒容反应热

系统在恒容、且非体积功为零的条件下发生化学反应时与环境交换的热，称为恒容反应热，用符号Q_V表示。

由热力学第一定律，对封闭系统中的恒容过程，在非体积功为零的条件下，系统与环境交换的功为零，故系统与环境交换的热应等于热力学能的变化，即

$$\Delta U = Q_V$$

也就是说，对封闭系统中的等容过程，系统吸收的热全部用于系统热力学能的增加。

虽然过程热是途径函数，但在定义恒容反应热后，已将过程的条件加以限制，使得恒容反应热与热力学能的增量相等，故恒容反应热也只决定于系统的始终态，这是恒容反应热的特点。

注意：非等容反应也有ΔU和Q，但此时的ΔU与Q不相等。

（2）恒压反应热与焓

系统在恒压、且非体积功为零的条件下进行化学反应过程中与环境所交换的热，称为恒压反应热，用符号Q_p表示。

由热力学第一定律，在恒压、非体积功为零的条件下可得

$$\Delta U = Q_p + W_{体} = Q_p - p_{ex}\left(V_2 - V_1\right) = Q_p - \left(p_2 V_2 - p_1 V_1\right) = U_2 - U_1$$

整理得

$$Q_p = \left(U_2 + p_2 V_2\right) - \left(U_1 + p_1 V_1\right)$$

由于U、p、V均为系统的状态函数，$U + pV$的组合也必然是一个状态函数，具有状态函数的一切特征。将这个新的组合函数定义为焓，用符号H表示。

这样上式就可简化为

$$Q_p = H_2 - H_1 = \Delta H$$

也就是说，对封闭系统中的等压化学反应，系统吸收的热全部用于系统焓的增加。

虽然过程热是途径函数，但在定义恒压反应热后，已将过程的条件加以限制，使得恒压反应热与焓的增量相等，故恒压反应热也只取决于系统的始终态，这是恒压反应热的特点。

注意：非等压反应也有ΔH和Q，但此时的ΔH与Q不相等。

2.热化学方程式

（1）化学反应进度

对任一化学反应

$$a\text{A}+b\text{B}=l\text{L}+m\text{M}$$

移项后可写成

$$0=-a\text{A}-b\text{B}+l\text{L}+m\text{M}$$

也可简写为

$$0=\sum v_B\text{B}$$

式中，B为参加反应的任一物质；v_B称为B物质的化学计量数。

反应进度是衡量化学反应进行程度的物理量，用ξ表示。当反应进行后，参加反应的任一物质B的物质的量由始态n_0变到n_B，则该反应的进度为

$$\xi \overset{def}{=\!=\!=} \frac{n_B - n_0}{v_B}$$

如果选择始态的反应进度不为零，则该过程的反应进度变化为

$$\Delta \xi \overset{def}{=\!=\!=} \frac{n_2 - n_1}{v_B} = \frac{\Delta n_B}{v_B}$$

化学反应进度与物质的选择无关，但与化学反应式的写法有关，例如

$$2\text{C(s)}+\text{O}_2\text{(g)}=2\text{CO(g)}$$

如果反应系统中有2 mol C和1 mol O_2反应生成2 mol的CO，若反应进度变化以C的物质的量的改变来计算，则

$$\Delta \xi = \frac{\Delta n_C}{v_C} = \frac{-2 \text{ mol}}{-2} = 1 \text{ mol}$$

若反应进度变化以CO的物质的量的改变来计算，则

$$\Delta \xi = \frac{\Delta n_{CO}}{v_{CO}} = \frac{2 \text{ mol}}{2} = 1 \text{ mol}$$

可见，无论对反应物还是生成物，$\Delta \xi$都具有相同的值，与物质的选择无关。但由于$\Delta \xi$与化学计量数有关，而化学计量数与反应式的写法有关，故$\Delta \xi$与反应式的写法有关。

如果将上述反应式写成

$$C(s)+\frac{1}{2}O_2(g)=CO(g)$$

则上述反应系统发生同样的物质的量的变化，反应进度的变化值为 2 mol。

（2）热化学方程式

表示化学反应与其热效应关系的方程式称为热化学方程式，例如

$$H_2(g)+\frac{1}{2}O_2(g)\frac{298.15\,K}{p^\ominus}=H_2O(l)$$

$$\Delta_rH^\ominus_{m,298.15K}=-286\,kJ\cdot mol^{-1}$$

在符号 $\Delta_rH^\ominus_{m,298.15K}$ 中，H 的左下标r表示特定的反应，Δ_r 表示反应的焓变，即恒压反应热，Δ_rH 为正时表示反应为吸热反应，Δ_rH 为负时表示反应为放热反应。H 的右下标m表示反应进度的变化为1 mol，H 的右下标298.15 K表示该反应在298.15 K下进行，H 的右上标-表示该反应在标准状态下进行，即参加反应的物质都处于标准态。物质的状态不同，标准态的含义亦不同，气体指分压为标准压力（100 kPa，记作 $p^\ominus$）的理想气体，固体和液体是指标准压力下的纯固体和纯液体，故该热化学方程式表示在298.15 K和100 kPa下，1 mol气态H₂和0.5 mol气态O₂反应生1 mol液态H₂O，放出286 kJ的热量。

书写热化学方程式应注意以下三点：
①注明反应的温度和压力；
②必须标出物质的聚集状态；
③反应热效应与反应方程式相对应。

3.恒压反应热和恒容反应热的关系

在恒温恒压条件下，化学反应的恒压摩尔反应热等于化学反应的摩尔焓变 Δ_rH_m。在恒温恒容条件下，化学反应的恒容摩尔反应热等于化学反应的摩尔热力学能的变化 Δ_rU_m。

设有一恒温反应，分别在恒压且非体积功为零、恒容且非体积功为零的条件下进行1 mol反应进度，如图2-1所示。

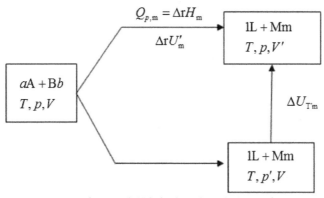

图2-1　恒温反应热与恒容反应热的关系示意图

由状态函数法，有

$$\Delta_r U_m' = \Delta_r U_m + \Delta U_{T,m}$$

其中$\Delta U_{T,m}$为图中产物的恒温热力学能变。

根据定义

$$H = U + pV$$

$$\Delta_r H_m = \Delta_r U_m' + p\Delta V$$

式中，ΔV为恒压下进行1 mol反应进度时产物与反应物体积之差。

$$\Delta_r H_m - \Delta_r U_m = p\Delta V + \Delta U_{T,m}$$

对于理想气体的热力学能只是温度的函数，$\Delta U_T = 0$。对于液体、固体的热力学能在温度不变、压力改变不大时，也可近似认为不变$\Delta U_{T,m} = 0$。

对于同一反应的$Q_{p,m}$和$Q_{v,m}$有如下关系

$$Q_{p,m} - Q_{v,m} = p\Delta V$$

对于凝聚相系统，$\Delta V \approx 0$，所以

$$Q_{p,m} = Q_{v,m}$$

对于有气体参与的反应，只考虑进行1 mol反应进度前后气态物质引起的体积变化。按理想气体处理时，有

$$p\Delta V = \sum v_{B(g)} RT$$

上式中$\sum v_{B(g)}$仅为参与反应的气体物质化学计量数的代数和，即

$$Q_{p,m} - Q_{v,m} = \sum v_{B(g)} RT$$

4.盖斯定律

1840年，盖斯从热化学实验中总结出一条经验规律：不管化学反应式是一步完成还是分步完成，其热效应总是相等，这就是盖斯定律。盖斯

定律实际上是热力学第一定律的必然结果，其实质是：热力学能和焓是系统的状态函数，它们的变化值只由系统的始终态决定，而与变化的途径无关，因为 $\Delta H=Q_p$，$\Delta U=Q_v$。

根据盖斯定律，在恒温恒压或恒温恒容条件下，一个化学反应如果分几步完成，则总反应的反应热等于各步反应的反应热之和。盖斯定律有着广泛的应用，例如利用一些已知反应热的数据来计算出另一些反应的未知反应热，尤其是不易直接准确测定或根本不能直接测定的反应热。C与O_2化合生成CO的反应热很难准确测定，因为在反应过程中很难控制反应全部生成CO而不生成CO_2，但C与O_2化合生成CO_2的反应热和CO与O_2化合生成CO_2的反应热是可准确测定的，因此可利用盖斯定律把C与O_2化合生成CO的反应热计算出来。

【例2.1】 已知

（1） $C(s)+O_2(g)=CO_2(g)$； $\Delta_r H_{m1}^{\ominus}=-393.5\ kJ\cdot mol^{-1}$

（2） $CO(g)+\dfrac{1}{2}O_2(g)=CO_2(g)$； $\Delta_r H_{m2}^{\ominus}=-283\ kJ\cdot mol^{-1}$

求（3） $C(s)+\dfrac{1}{2}O_2(g)=CO(g)$ 的 $\Delta_r H_{m3}^{\ominus}$。

解:这三个反应的关系如图2-2所示。由图可见，在始态（C+O_2）和终态（CO_2）之间有两条途径：（1）和（3）+（2），根据盖斯定律，这两条途径的焓变应该相等，即

$$\Delta_r H_{m1}^{\ominus}=\Delta_r H_{m3}^{\ominus}+\Delta_r H_{m2}^{\ominus}$$

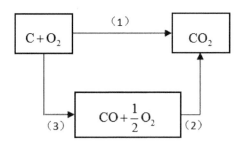

图2-2 由C和O_2变成CO_2的途径

$$\Delta_r H_{m3}^{\ominus}=\Delta_r H_{m1}^{\ominus}-\Delta_r H_{m2}^{\ominus}$$
$$=\left[-393.5-(-283.0)\right]kJ\cdot mol^{-1}$$
$$=-110.5\ kJ\cdot mol^{-1}$$

用盖斯定律计算反应热时，利用反应式之间的代数关系计算更为方

便，例如上述的反应（1）、（2）、（3）的关系为

（3）=（1）-（2）

所以

$$\Delta_r H_{m3}^\ominus = \Delta_r H_{m1}^\ominus - \Delta_r H_{m2}^\ominus$$

注意：通过热化学方程式的代数运算计算反应热时，在计算过程中，只有反应条件（温度、压力）相同的反应才能相加减，而且只有种类和状态都相同的物质才能进行代数运算。

5.化学反应热的计算

（1）由标准摩尔生成焓计算化学反应的标准摩尔反应热

在指定温度和标准压力下，由稳定相态的单质生成1 mol物质B的热效应，称为物质B在温度T下的标准摩尔生成焓，用$\Delta_f H_{m,T}^\ominus$表示。

根据标准摩尔生成焓的定义，稳定单质的标准摩尔生成焓为零。

根据盖斯定律可以推导出下列公式，即

$$\Delta_r H_{m,298.15K}^\ominus = \sum v_B \Delta_f H_{m\,298.15\,K}^\ominus (B)$$

T，$p^\ominus$下的任意反应

$$aA(a) + bB(b) \xrightarrow{\Delta_r H_{m,T}^\ominus} = lL(\gamma) + mM(\delta)$$

$$\uparrow \Delta H_1 \qquad\qquad \uparrow \Delta H_2$$

T，$p^\ominus$下同样物质的量的稳定态的各有关单质

根据盖斯定律

$$\Delta H_1 + \Delta_r H_{m,T}^\ominus = \Delta H_2$$

$$\begin{aligned}\Delta_r H_m^\ominus &= \Delta H_2 - \Delta H_1 \\ &= \left[l\Delta_f H_m (L) + m\Delta_f H_m (M) \right] - \left[a\Delta_f H_m^\ominus (A) + b\Delta_f H_m^\ominus (B) \right] \\ &= \sum v_B \Delta_f H_m^\ominus (B)\end{aligned}$$

【例2.2】 已知

（1）$CH_3OH(g) + \dfrac{3}{2}O_2(g) \rightarrow CO_2(g) + 2H_2O(l)$；$\Delta_r H_{m1}^\ominus$=-763.9kJ·mol^{-1}

（2）$C(s) + O_2(g) \rightarrow CO_2(g)$；$\Delta_r H_{m2}^\ominus$=-393.5kJ·mol^{-1}

（3）$H_2(g) + \dfrac{1}{2}O_2(g) \rightarrow H_2O(l)$；$\Delta_r H_{m3}^\ominus$=-285.8kJ·mol^{-1}

（4）$CO(g) + \dfrac{1}{2}O_2(g) \rightarrow CO_2(g)$；$\Delta_r H_{m1}^\ominus$=-793.9kJ·mol^{-1}

求①$CH_3OH(g)$的标准摩尔生成焓；

②$O(g)+2H_2(g)=CH_3OH(g)$的$\Delta_r H_m^\ominus$。

解：（2）-（4）得

$$C(s)+\frac{1}{2}O_2(g)\rightarrow CO(g)$$

$\Delta_r H_m^\ominus = -393.5\ kJ\cdot mol^{-1}-\left(-283.0\ kJ\cdot mol^{-1}\right)=-110.5\ kJ\cdot mol^{-1}$

所以

$$\Delta_f H_{m(CO,g)}^\ominus = -110.5 kJ\cdot mol^{-1}$$

由式（2）+2×（3）-（1）得

$$C(s)+2H_2(g)+\frac{1}{2}O_2(g)=CH_3OH(g)$$

$\Delta_r H_m^\ominus = -393.5\ kJ\cdot mol^{-1}+2\times\left(-285.5\ kJ\cdot mol^{-1}\right)-\left(-763.9\ kJ\cdot mol^{-1}\right)$

$\qquad = -201.2\ kJ\cdot mol^{-1}$

则

$$\Delta_f H_{m(CH_3OH,g)}^\ominus = -201.1\ KJ\cdot mol^{-1}$$

$$O(g)+2H_2(g)=CH_3OH(g)$$

$$\Delta_r H_m^\ominus = \sum v_B \Delta_f H_m^\ominus(B)$$

$$\qquad = -201.2\ kJ\cdot mol^{-1}-\left(-110.5\ kJ\cdot mol^{-1}\right)$$

$$\qquad = -90.7\ kJ\cdot mol^{-1}$$

$$\Delta_f H_{m(CO,g)}^\ominus = -110.5\ kJ\cdot mol^{-1}$$

（2）由标准摩尔燃烧焓计算化学反应的标准摩尔反应热

在指定温度和标准压力下，1 mol物质B完全氧化过程的热效应，称为物质B在温度T下的标准摩尔燃烧焓，用$\Delta_c H_{m,T}^\ominus$表示。完全氧化指物质中的C元素氧化为CO_2（g），H元素氧化为H_2O（l），N元素氧化为N_2（g），S元素氧化为SO_2（g）等。附录1中列出了常见物质在298.15 K时的标准摩尔燃烧焓。

根据标准摩尔燃烧焓的定义，完全氧化产物如CO_2（g）、H_2O（l）等的标准摩尔燃烧焓为零。

根据盖斯定律，可以类似地推导出下列公式，即

$$\Delta_r H_{m,298.15K}^\ominus = -\sum v_B \Delta_c H_{m,298.15\ K}^\ominus(B)$$

【例2.3】已知C(s)和H_2(g)在25℃时的标准摩尔燃烧焓为-393.51 kJ·mol^{-1}及-285.84 kJ·mol^{-1}，求反应C（s）+$2H_2O$（l）=$2H_2$（g）+CO_2（g）在25℃时的

标准摩尔反应焓为多少?

解:完全氧化产物H_2O(l)、CO_2(g)的标准摩尔燃烧焓为零,故

$$\Delta_r H_{m,298.15\ K}^{\ominus} = -\sum v_B \Delta_c H_{m\ 298.15\ K}^{\ominus}(B)$$
$$= \Delta_c H_{m,298.15\ K}^{\ominus}(C,s) - 2\Delta_c H_{m\ 298.15\ K}^{\ominus}(H_2,g)$$
$$= -393.51\ kJ\cdot mol^{-1} - 2\times(-285.84\ kJ\cdot mol^{-1})$$
$$= 178.17\ kJ\cdot mol^{-1}$$

(3)由键焓估算反应热

化学反应的实质是旧键的断裂和新键的形成,断裂旧化学键要消耗能量,形成新化学键会释放能量。因此可以根据化学反应过程中化学键的断裂和形成情况,利用键焓数据来估算反应热。

对双原子分子而言,键焓是指在标准压力时,将1mol的气态分子AB的化学键断开成为气态的中性原子A和B所需的能量,用$\Delta_b H^{\ominus}(A—B)$表示,例

$$H_2(g) \longrightarrow 2H(g)$$
$$\Delta_b H_m^{\ominus}(H—H) = 436\ kJ\cdot mol^{-1}$$

对于多原子分子,键焓实际上是平均键焓。

例如NH_3中有三个等价的N—H键,但光谱数据表明每个键的离解能是不同的,它们分别是

$$NH_3(g) \longrightarrow NH_2(g) + H(g) \qquad D_1 = 435\ kJ\cdot mol^{-1}$$
$$NH_2(g) \longrightarrow NH(g) + H(g) \qquad D_2 = 398\ kJ\cdot mol^{-1}$$
$$NH(g) \longrightarrow N(g) + H(g) \qquad D_3 = 339\ kJ\cdot mol^{-1}$$

而N—H键的键焓$\Delta_b H^{\ominus}$为三个离解能的平均值,即

$$\Delta_b H_m^{\ominus}(N—H) = \frac{D_1 + D_2 + D_3}{3} = \left(\frac{435 + 398 + 339}{3}\right) kJ\cdot mol^{-1} = 391\ kJ\cdot mol^{-1}$$

若已知各种类型化学键的键焓就可根据反应过程中键变化的情况来计算反应热焓变。

2.1.4 热力学第二定律

热力学第一定律主要研究化学反应的能量转换关系,不能判断化学反应的方向和限度,而热力学第二定律则主要是解决化学反应的方向和限度的问题,热力学第一定律和熟力学第二定律都是经验定律。

1.化学反应的自发性

自发过程是指在无外界环境影响下而能自动发生的过程,自发过程都

有一定的方向和限度。例如热量从高温物体自发地传向低温物体直到两者最后温度相等；气体（或溶液）从高压（或高浓度）向低压（或低浓度）扩散直到最后两者压力（或浓度）相等；电流从高电位流向低电位直到最后两者的电位相等。这些自发过程有一个共同的特征是，一旦过程发生，系统不可能自动回复到原来的状态，即具有不可逆性。

下面列举自发反应

$$C(s)+O_2(g)=CO_2(g); \quad \Delta_r H_{m,298.15\ K}^{\ominus}=-393.5\ kJ \cdot mol^{-1}$$

$$Zn(s)+2H^+(aq)===Zn^{2+}(aq)+H_2(g); \quad \Delta_r H_{m,298.15\ K}^{\ominus}=-153.9\ kJ \cdot mol^{-1}$$

但是，有些自发反应却是吸热反应。如工业上将石灰石煅烧分解为生石灰和CO₂的反应是吸热反应，即

$$CaCO_3(s)=CaO(s)+CO_2(g); \quad \Delta_r H_m^{\ominus}>0$$

2.熵

自然界中的自发过程普遍存在两种现象：第一，系统倾向于取得最低势能，如物体自高处自然落下；第二，系统倾向于微观粒子的混乱度增加，如气体（或溶液）的扩散。

系统的混乱度可用一个称为熵（S）的状态函数来描述。系统内微观粒子的混乱度越大，系统的熵值越大，根据统计热力学有

$$S=k \ln \Omega$$

上式称做玻耳兹曼公式，其中k为玻耳兹曼常数，Ω称为系统的热力学几率，是与一定宏观状态对应的微观状态总数，此式是联系热力学和统计热力学的桥梁公式。

熵是系统的状态函数，所以系统的状态发生变化时系统的熵变只与始终态有关，而与状态变化所经历的途径无关。我们把等温可逆过程的热温熵定义为系统的熵变。用下式表示为

$$\Delta S=Q_r/T$$

3.热力学第二定律

Clausius指出，不可能将热由低温物体转移到高温物体，而不留下其他变化。Kelvin指出，不可能从单一热源取热使其完全转变为功而不留下其他变化，或"第二类永动机不可能制成"。上面两种表述中"不留下其他变化"是指系统和环境都不留下任何变化。Clausius说法和Kelvin说法是热力学第二定律的两种经典表述，Clausius说法指出了热传导的不可逆性，而Kelvin说法则指出了功热转化的不可逆性。

热力学第二定律的统计表述为：在隔离系统中的自发过程必伴随着熵值的增加，或隔离系统的熵总是趋向于极大值。这就是熵增原理。可用下

式表示为

$$\Delta S_{隔离} \geq 0 \ (> 为自发过程；= 为平衡状态)$$

上式表明，在隔离系统，能使系统熵值增大的过程是自发过程，熵值保持不变的过程，系统处于平衡状态，故可用上式来作为隔离系统中过程自发性的判据。

4.热力学第三定律和标准摩尔熵

系统内微观粒子的混乱度与物质的聚集状态和温度等有关。对纯净物质的完美晶体，在绝对温度0 K时分子间排列有序，且分子的任何热运动均停止。这时系统完全有序化，热力学几率为1，根据玻耳兹曼公式，系统的熵值为0。因此，热力学第三定律指出，在热力学温度是0 K时，任何纯物质的完美晶体的熵值都等于零。

以此为基准，若知道某一物质从绝对零度到指定温度下的一些热力学数据如热容等，就可以求出此物质在温度T时熵的绝对值（热力学能和焓的绝对值无法求得），即

$$S_T - S_0 = \Delta S = S_T$$

式中，S_T称为该物质在温度T时的规定熵。

在标准状态下1 mol纯物质的规定熵称为该物质的标准摩尔熵，用符号$S_m^{\ominus}$表示。

需要说明的是，水合离子的标准摩尔熵不是绝对值，而是在规定标准态下水合H^+的熵值为零的基础上求得的相对值。

根据熵的物理意义，可以得出下面一些规律。

①同一物质的不同聚集状态之间，熵值大小次序是：气态、液态、固态。
②同一物质在相同的聚集状态时，其熵值随温度的升高而增大。
③在温度和聚集状态相同时，一般来说，复杂分子较简单分子的熵值大。
④结构相似的物质，相对分子质量大的熵值大。
⑤相对分子质量相同，分子构型越复杂，熵值越大。
⑥混合物和溶液的熵值一般大于纯物质的熵值。
⑦一个导致气体分子数增加的化学反应，引起熵值增大，即$\Delta S > 0$；如果反应后气体分子数减少，则$\Delta S < 0$。

2.1.5.化学反应的熵变

化学反应的熵变用$\Delta_r S_m^{\ominus}$表示，其计算类似于化学反应的$\Delta_r H_m^{\ominus}$，可用公式

$$\Delta_r S_{m,298.15\,K}^{\ominus} = \sum V_B S_{m,298.15\,K}^{\ominus} \, (B)$$

计算。虽然物质的标准摩尔熵随着温度的升高而增大，但只要温度升高没有引起物质聚集状态的改变，即化学反应的 $\Delta_r S_m^{\ominus}$ 随温度变化不大，在近似计算中就可认为 $\Delta_r S_m^{\ominus}$ 基本不随温度的变化而变化，即

$$\Delta_r S_m^{\ominus}(T) = \Delta_r S_m^{\ominus}(298.15\,K)$$

化学反应的熵变 $\Delta_r S_m^{\ominus}$ 是决定化学反应方向的又一重要因素。

2.2 化学反应的方向分析

化学反应的方向，即化学反应向哪个方向进行，表面看起来似乎十分简单，实际上还存在很多细节问题。

化学反应方向要结合反应进行的方式来讨论。本节中我们讨论的化学反应的方向，是各种物质均在标准状态下，反应以自发方式进行的方向。对于非标准状态下化学反应的方向，在此并不讨论。

2.2.1 反应的自发性

在化学热力学的研究中，化学家常要考察物理变化和化学变化的方向性。然而，能量守恒对变化过程的方向并没有给出任何限制。实际上，自然界中任何宏观自动进行的变化过程都是具有方向性的。联系日常生活经验和化学的基础知识，可以举出许多实例。例如：水总是自发地从高处流向低处，直到水位相等为止。热总是自发地从高温物体传向低温物体，直到两个物体的温度相等为止。气体总是自发地从高压处流向低压处，直到压力相同时为止。溶液总是自发地从浓度高的部分向浓度低的部分扩散，直到混合溶液的浓度相等为止。

这些过程都是没有借助于外部环境的作用而自发进行的过程（又称自发变化）。当然，这些过程的逆过程并不是不能进行的，而是要借助于外部环境对其做功，也就是常说的非自发过程。这就说明，非自发过程不是不能进行，而是不能自发进行。要使非自发过程得以进行，外界必须做功。例如欲使水从低处输送到高处，需借助水泵做机械功来实现。又如常温下水不能自发分解为氢气和氧气，需通过电解来完成。

由此总结出自发过程具有如下特征：

①在没有外界作用或干扰的情况下，系统自身发生变化的过程被称为自发变化。

②有的自发变化开始时需要引发，一旦开始，自发变化将继续进行一直达到平衡，或者说，自发变化的最大限度是系统的平衡状态。

③自发变化不受时间约束，与反应速率无关。也就是说，能自发进行的反应，并不意味着其反应速率一定很大。

④自发变化必然有一定的方向性，其逆过程是非自发变化。两者都不能违反能量守恒定律。

⑤自发变化和非自发变化都是可能进行的。但是，只有自发变化能自动发生，而非自发变化必须借助于一定方式的外部作用才能发生。没有外部作用，非自发变化将不能继续进行。

⑥自发过程一般都朝着能量降低的方向进行。能量越低，体系的状态就越稳定。

上面各个例子中，水位的高低是判断水流方向的判据，温度的高低是判断热传递方向的判据，压力的高低是判断气体流动方向的判据，浓度的高低是判断溶液扩散方向的判据。对于化学反应来说，在一定条件下也是自发地朝着某一方向进行，那么也一定存在一个类似的判据，利用它就可以判断化学反应自发进行的方向。而热力学正是与这个判据有关，可以帮助我们预测某一过程能否自发地进行。

2.2.2 焓和自发变化

对于影响反应方向判据的因素中，人们最先想到的是反应的热效应。因为在化学反应中，放热反应在反应过程中体系能量降低，许多放热反应都能自发地进行，这可能是决定反应进行的主要因素。

早在1878年，法国化学家贝特洛（M.Berthelot）和丹麦化学家汤姆森（J.Thomsen）就提出：自发的化学反应趋向于使系统释放出最多的热，即系统的焓减少，反应将能自发进行。这种以反应焓变作为判断反应方向的依据，简称为焓变判据。

从反应系统的能量变化来看，放热反应发生以后，系统的能量降低。反应放出的热量越多，系统的能量降低得也越多，反应越完全。这就是说，在反应过程中，系统有趋向于最低能量状态的倾向，常称其为能量最低原理。不仅化学变化有趋向于最低能量的倾向，相变化也具有这种倾向。例如，零下十度过冷的水会自动地凝固为冰，同时放出热量，使系统的能量降低。总之，系统的能量降低有利于反应正向进行。

贝特洛和汤姆森所提出的最低能量原理是许多实验事实的概括，对多数放热反应，特别是在温度不高的情况下是完全适用的。但实践表明，有些吸热过程亦能自发进行。

为什么这些吸热过程亦能自发进行呢？这是因为吸热过程不但物质的种类和"物质的量"增多，而且产生了热运动自由度很大的气体，整个体系的混乱程度增大。

因而，把焓变作为反应自发性的普遍判据是不准确、不全面的。焓变只是有助于反应自发进行的因素之一，而不是唯一的因素。除此之外，当温度升高时，还有其他更重要的因素（体系混乱度的增加）也是许多化学和物理过程自发进行的影响因素，因此把决定反应自发性的另一个与体系混乱度有关的影响因素称为熵。

2.2.3 熵的初步概念

1.混乱度和微观状态数

总结前面反应中，违反放热规律向吸热方向进行的几个反应的特点：由固体反应物生成液体或气体产物，致使生成物分子的活动范围变大；反应物中气体物质的量最少，而产物中气体物质的量最多，也就是活动范围大的分子增多。形象地说，就是体系的混乱度变大，可见这是反应自发进行的又一种趋势。

为定量地描述体系的混乱度，则要引进微观状态数（Ω）的概念。粒子的活动范围越大，体系的微观状态数越多；粒子数越多，体系的微观状态数越多。

2.状态函数熵（S）

体系的状态一定，则体系的微观状态数一定。故应有一种宏观的状态函数和微观状态数相关联，它可以表征体系的混乱度。热力学上把描述体系混乱度的状态函数称为熵，用符号 S 表示。

奥地利数学家和物理学家玻尔兹曼（L.E.Boltzmann）在统计力学的基础上，提出熵（S）和微观状态数（Ω）之间符合以下公式：

$$S=k\ln\Omega$$

这就是玻尔兹曼关系式，其中 $k=1.38\times10^{23}$J·K^{-1}，称为玻尔兹曼常数。从式子可看出，熵的单位为 J·K^{-1}。熵是状态函数，具有加和性。从式子还可看出，熵值越大则微观状态数越大，即混乱度越大。因此，若用状态函数表述化学反应向着混乱度增大的方向进行这一事实，可以认为化学反应趋向于熵值的增加，即趋向于过程的熵变 $\Delta S>0$。

尽管式中给出了熵 S 和体系微观状态数的关系，但实际上一个过程的熵变 ΔS，一般不能用公式 $S=k\ln\Omega$ 计算，该式只是反映热力学函数与微观结构之间的内在联系。

过程的始终态一定，熵变 ΔS 的值就一定。过程的热量与途径有关，若以可逆方式完成这一过程，热量 Q_r 可由实验测定，则热力学上可证明：

$$\Delta S = \frac{Q_r}{T}$$

这即是恒温可逆过程的热温商，熵的名称可能得名于此。非恒温过程，可用微积分求算，这将在物理化学课程中讲授。

总之，化学反应（过程）有混乱度增大的趋势，即微观状态数增大的趋势，亦即熵增加的趋势，即 $\Delta S>0$ 的趋势。

3.热力学第三定律和标准熵

熵受温度的影响，究竟是如何影响熵的变化的呢?我们知道，当温度升高时，气体体积增大，系统中分子分布的微观状态数增加，出现在元序排列中的分子概率增大。因此，在定压下，随着温度的升高，理想气体的熵增大。温度升高、熵增大的另一个原因是，分子在高温下的速度分布曲线比在低温下的分布曲线平坦些。即温度升高，分子的运动速度分布的范围更广，相应于不同能量的微观状态数增加。因此，在较高温度下，分子和原子中的能级更多，相应的微观状态数也更多，熵增大。

众所周知，由气态到液态再到固态的熵依次变小。1906年，德国物理学家能斯特（W.H.Nernst）总结了大量实验资料，得出一个普遍规则，即随着热力学温度趋近于零，凝聚系统的熵变化趋近于零。其数学式为

$$\lim_{T\to 0}\left(\Delta S\right)_T = 0$$

后来又经过德国物理学家普朗克（Max Planck）（1911年）和美国科学家路易斯G.N.Lewis）等人（1920年）的改进，认为：纯物质完整有序晶体在0 K时的熵值为零，即

$$S^*(\text{完整晶体，0 K})=0$$

以上表述被称为热力学第三定律。即在0 K时，任何完整有序的纯物质的完美晶体中的粒子只有一种排列形式，即只有唯一的微观状态，$\Omega=1$，$S=0$，以此为基准可以确定其他温度下物质的熵。

体系从 $S=0$ 的始态出发，变化到某温度 T，该过程的熵变化为 ΔS，则

$$\Delta S = S_T - S_0 = S_T$$

即这一过程的熵变值 ΔS 等于体系终态的熵值，被称为该物质的规定熵（也叫绝对熵）。通过对某些物质标准摩尔熵值的分析，可以看出一些规律：

①熵与物质的聚集状态有关。同一种物质的气态熵值最大，液态次之，固态的熵值最小。

②有相似分子结构且相对分子质量又相近的物质，其熵值相近。

③物质的相对分子质量相近时，分子构型复杂的，其标准摩尔熵值就大。

4.吉布斯自由能

恒温恒压下的化学反应，究竟能否进行，以什么方式进行，是自发的还是非自发的，究竟以什么方式判断一个反应能否自发进行，一直是前面讨论的问题，也是化学热力学中的重要课题。下面综合热力学第一定律、状态函数H、可逆过程的功以及过程的热温商等诸多知识来解决这些问题。

某化学反应在恒温恒压下进行，且有非体积功，则热力学第一定律的表达式可写成

$$\Delta U=Q+W_{体}+W_{非}$$

移项

$$Q=\Delta U-W_{体}-W_{非}=\Delta U-(-P\Delta V)-W_{非}$$

故

$$Q=\Delta H-W_{非}$$

我们知道，理想气体恒温膨胀过程所做的功，以不同途径其大小不同，以可逆途径的功最大，且吸热最多。恒温恒压过程中，也是以可逆途径的功最大，吸热最多，即为最大。故此式可以写成

$$Q_r \geqslant \Delta H-W_{非}$$

只有可逆过程时，式中的"="才成立。

该函数是由著名的美国理论物理学家和化学家吉布斯（J.W.Gibbs）最先提出来的，因此以其名字命名之。因为H、T、S都是状态函数，因此G也是一个状态函数，具有加和性，其量纲与H相同，为J或kJ。于是式子可简化为

$$-(G_2-G_1)\geqslant-W_{非}$$
$$-\Delta G\geqslant-W_{非}$$

此式说明，$-\Delta G$过程以可逆方式进行时，等式成立，$W_{非}$最大；以其他非可逆方式进行时，W都小于$-\Delta G$。该式表明了状态函数G的物理意义：吉布斯自由能G是体系所具有的在恒温恒压下做非体积功的能力。恒温恒压过程中，体系所做非体积功的最大限度，是自由能G的减少值。只有在可逆过程中，这种非体积功的最大值才得以实现。

而且，式子可作为恒温恒压下化学反应进行方向的判据：

$-\Delta G>-W_{非}$　　　不可逆自发进行

$-\Delta G=-W_{非}$　　　可逆进行

$-\Delta G < -W_{\text{非}}$　　　　不能自发进行

若反应在恒温恒压下进行，且不做非体积功（$W_{\text{非}}=0$），则式子变为：$-\Delta G \geq 0$，那么化学反应进行方向的判据变为

$\Delta G < 0$　　　　不可逆自发进行

$\Delta G = 0$　　　　可逆进行

$\Delta G > 0$　　　　不能自发进行

即恒温恒压下，不做非体积功的化学反应自发进行的方向是吉布斯自由能减小的方向。不仅化学反应如此，任何恒温恒压下，不做非体积功的自发过程的吉布斯自由能都将减小。这就是热力学第二定律的一种表述形式。可用来判断封闭系统反应进行的方向。

由$G=H-TS$可得：在恒温恒压条件下，作为化学反应方向判据的公式为

$$\Delta G = \Delta H - T\Delta S$$

可以看出，ΔG除了与ΔH和ΔS这两个热力学函数有关外，温度T对其也有明显影响，也就是说，温度T对化学反应方向的影响很大。而不少化学反应的ΔH和ΔS随温度变化的改变值却小得多。本书一般不考虑温度对ΔH和ΔS的影响，但不能忽略温度对ΔG的影响。

在不同温度下反应进行的方向取决于ΔH和$T\Delta S$值的相对大小。

当$\Delta H < 0$，$\Delta S > 0$，放热熵增的反应在所有温度下$\Delta G < 0$，反应能正向进行。

当$\Delta H > 0$，$\Delta S > 0$，吸热熵增反应，温度升高，有可能使$T\Delta S > \Delta H$，$\Delta G < 0$，高温下反应正向进行。

当$\Delta H < 0$，$\Delta S < 0$，放热熵减反应，在较低温度下有可能使$\Delta G < 0$，低温下反应正向进行。

当$\Delta H > 0$，$\Delta S < 0$，吸热熵减反应，在所有温度下反应不能正向进行。

在ΔH和ΔS的正、负符号相同的情况下，温度决定了反应进行的方向。在其中任一种情况下都有一个这样的温度，在此温度下，$T\Delta S = \Delta H$，$\Delta G = 0$。在吸热熵增的情况下，这个温度是反应能正向进行的最低温度，低于这个温度，反应就不能正向进行。在放热熵减的情况下，这个温度是反应能正向进行的最高温度，高于这个温度，反应就不能正向进行。因此，这个温度就是反应能否正向进行的转变温度。

2.3 化学反应速率和化学平衡

化学反应速率是讨论在指定条件下化学反应进行的快慢，而化学平衡则是讨论在指定条件下化学反应进行的程度。化学平衡指出了反应发生的可能性和限度，化学反应速率则从速率的角度告诉我们反应的现实性。化学反应速率和化学平衡是研究化学反应进行的两个基本问题。对于它们的研究，无论在理论上还是在化工生产和日常生活应用上都具有重大的意义。

2.3.1化学反应速率

不同化学反应的反应速率是不相同的。反应进行快的如爆炸反应、感光反应、酸碱中和反应等，几乎瞬间完成。反之，有些化学反应则进行得很慢，例如有机合成反应一般需要几十分钟、几小时甚至几天才能完成；金属的腐蚀、塑料和橡胶的老化更是缓慢；还有的化学反应如岩石的风化、石油的形成需要经历几十万年甚至更长的岁月。在化工生产中为了尽快生产更多的产品，就需要设法加快其化学反应速率；而对于有害的反应，如金属腐蚀、塑料的老化等则需要设法抑制和最大限度地降低其反应速率，以减少损失。还有某些反应在理论上从热力学上判断，其正向自发趋势很明显，但实际上进行的速率却很慢。因此对反应速率及其影响因素的研究，具有重要的理论意义和实际意义。

1.化学反应速率及表示方法

根据国标规定，化学反应速率是反应进度（ξ）随时间的变化率。对于化学反应

$$aA + bB \rightarrow gG + dD$$

反应速率

$$J = \frac{d\xi}{dt}$$

式中，ξ为反应进度；t为时间。

由于反应进度的改变$d\xi$与物质B的改变量dn_B有如下关系，即

$$d\xi = \frac{1}{\nu_B}dn_B$$

式中，ν_B为物质B在反应式中的化学计量数，对于反应物ν_B取负值，表示减少；对于生成物ν_B取正值，表示增加。这样化学反应速率可写成

$$d\xi = \frac{dn_B}{v_B dt}$$

若反应系统的体积为 V，V 不随时间 t 变化，定义恒容反应速率为

$$v = \frac{J}{V} = \frac{dn_B}{V_{v_B} dt} = \frac{dc_B}{v_B dt}$$

对于上述反应有

$$v = \frac{dc(A)}{-adt} = \frac{dc(B)}{-bdt} = \frac{dc(G)}{gdt} = \frac{dc(D)}{ddt}$$

式中，v 的单位为 $mol \cdot L^{-1} \cdot s^{-1}$。

以合成氨的反应为例，反应方程式 $N_2(g)+3H_2(g) \rightarrow 2NH_3(g)$ 的化学反应速率为

$$v = \frac{dc(N_2)}{-dt} = -\frac{dc(H_2)}{3dt} = \frac{dc(NH_3)}{2dt}$$

由此可见，以浓度为基础的化学反应速率 v 的数值，对于同一反应系统与选用何种物质为基准无关，只与化学反应计量方程式有关。

2.化学反应速率的基本理论

化学反应速率的大小，首先取决于反应物的本性。此外，反应速率还与反应物的浓度、温度和催化剂等外界条件有关。为了说明这些问题，历史上先后提出两种著名的化学反应速率理论，一是碰撞理论，另一个是过渡状态理论。

（1）碰撞理论

1918年Lewis在Arrhenius研究的基础上，利用气体分子运动论的成果，提出了主要适用于气体双原子反应的有效碰撞理论，其主要论点如下。

①反应物分子必须相互碰撞才可能发生反应。但并不是每次碰撞均可发生反应，只有那些能发生反应的碰撞才称为有效碰撞。

②能够发生有效碰撞的分子称为活化分子。只有活化分子发生定向碰撞才能引起反应。一定的温度下气体分子具有一定的平均能量，但各分子的动能并不相同，气体分子的能量分布如图2-3所示。

图2-3中横坐标 E 为能量，纵坐标 $\frac{\Delta N}{N\Delta E}$ 为具有能量 $E-(E+\Delta E)$ 范围内单位能量区间的分子数 ΔN 与分子总数 N 的比值（分子分数），曲线下的总面积表示分子分数的总数为100%。

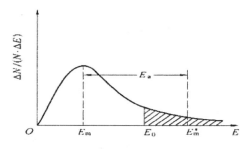

图2-3　气体分子的能量分布图

由曲线可见，大部分分子动能在E_m附近，只有少数分子动能比E_m低得多或高得多，假设分子达到有效碰撞的最低能量为E_0，所谓的活化分子就是分子动能大于E_0的那些分子。那些非活化分子必须吸收足够的能量才能转变为活化分子，活化能是指1 mol活化分子的平均能量$\left(E_m^*\right)$与1 mol反应物分子平均能量E_m之差，用E_a表示，即

$$E_a = E_m^* - E_m$$

反应活化能一般在40~400kJ·mol^{-1}之间。化学反应速率与反应活化能大小密切有关，每种反应各有其特定的活化能值，活化能值大于400kJ·mol^{-1}的反应属于慢反应；活化能值小于400 kJ·mol^{-1}的反应属于快反应。

由于反应物分子有一定的几何构型，分子内原子的排列有一定的方位，只有几何方位适宜的有效碰撞才可能导致反应的发生，如

$$CO(g) + NO_2(g) \rightarrow CO_2(g) + NO(g)$$

CO分子和NO$_2$分子可有不同取向的碰撞，只有碳原子和氧原子相撞时，才可能发生氧原子的转移，导致化学反应，如图2-4所示。

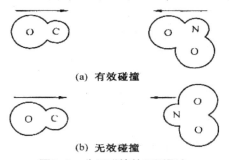

图2-4　分子碰撞的不同取向

（2）过渡状态理论

过渡状态理论认为，化学反应并不是通过反应物分子的简单碰撞完成的，在反应物到产物的转变过程中，必须通过一种过渡状态。这种中间状态可用下式表示，即

$$A\text{—}B+C \rightleftharpoons [A\cdots B\cdots C] \rightleftharpoons A+B\text{—}C$$

起始状态　　　过渡状态　　　　终止状态

当分子C以足够大的动能克服AB分子对它的排斥力，向AB分子接近时，AB间的结合力逐渐减弱，这时既有旧键的部分破坏（A⋯B）又有新键的部分生成（B⋯C）。此时AB与C处于过渡状态，并形成了一个类似配合物结构的物质（A⋯B⋯C），该物质称为活化络合物。活化络合物相对于反应物和产物具有较高的能量，如图2-5所示，处于一种不稳定状态，它可以转变为原来的反应物分子，也可以分解为产物分子，这取决于各自的反应速率。

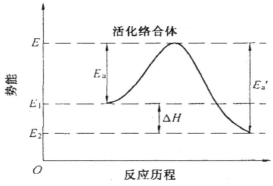

图2-5　反应过程势能变化示意图

把具有平均能量的反应物分子形成活化络合物时所吸收的最低能量称为正反应的活化能（E_a），把具有平均能量的产物分子形成活化络合物时所吸收的最低能量称为逆反应的活化能（E_a'），正、逆反应活化能之差即为该反应的反应热，即

$$\Delta H = E_a - E_a'$$

由图2-5可看出，反应的活化能越小，反应物分子需要越过的势能（有时称阈能）越低，越容易形成活化络合物，反应速率也就越快。但活化能与反应过程有关，不具有状态函数性质，反应过程一改变，活化能随之改变，这就是催化剂能降低反应活化能，改变反应速率的原因。

综上所述，碰撞理论着眼于相撞"分子对"的平均动能，而过渡状态理论着眼于分子相互作用的势能。二者都有活化能的概念，过渡状态理论把反应速率与反应物分子的微观结构联系起来，有助于更好地理解活化能的本质。两个理论都能说明一些实验现象，但理论计算与实验结果相符的还只限于很少的几个简单反应。一些反应的活化能主要通过实验测定得到。

2.3.2 影响化学反应速率的因素

影响化学反应速率的内因是物质的本性，因为不同的反应物质具有不同的活化能，所以各种化学反应的速率千差万别；但对于同一化学反应，由于外界条件如浓度（或分压）、温度、催化剂等因素改变，也会引起其反应速率的改变。本节将分别讨论浓度、温度和催化剂等因素对化学反应速率的影响。

1.浓度对化学反应速率的影响

（1）基元反应与非基元反应

化学反应方程式往往只表示反应的始态和终态是何种物质以及它们之间的化学计量关系，并不反映所经过的实际过程。化学反应经历的途径叫反应机理或反应历程。

反应物分子经过有效碰撞一步直接转化成生成物分子的反应称为基元反应，例如

$$NO_2 + CO \rightarrow NO + CO_2$$

$$2NO + O_2 \rightarrow 2NO_2$$

但大多数反应为非基元反应。非基元反应是由两个或两个以上的基元步骤所组成的化学反应，例如

$$H_2 + I_2 \rightarrow 2HI$$

长期以来，一直认为此反应是由H_2和I_2直接碰撞的基元反应，但后来研究发现它是个非基元反应，现已证明它的反应历程如下：

第一步 $I_2(g) \rightarrow 2I(g)$ 快反应

第二步 $H_2(g) + 2I(g) \rightarrow 2HI(g)$ 慢反应

（2）质量作用定律

对于一般基元反应

$$aA + bB \rightarrow dD + gG$$

在一定温度下，反应速率与反应物浓度幂的乘积成正比，其中各反应物浓度的指数为基元反应方程式中各反应物前的系数（即化学计量数的绝对值），这一规律称为质量作用定律，其数学表达式为

$$v = k\left\{c(A)\right\}^a \left\{c(B)\right\}^b$$

此式称为速率方程式，$c(A)$，$c(B)$分别表示反应物A和B浓度，k为速率常数，当$c(A)=c(B)=1 \ mol \cdot L^{-1}$时，$v=k$，因此$k$的物理意义是指某反应在温度一定时，单位反应物浓度的反应速率，k的大小取决于反应物的本质。

应用质量作用定律时应注意以下几个问题：

①质量作用定律适用于基元反应。对于非基元反应，只能对其反应机理中的每一个基元反应应用质量作用定律，不能根据总反应方程式直接书写速率方程式。

②固体或纯液体参加的化学反应，因固体和纯液体本身为标准态，不列入反应速率方程式中，如

$$C(s) + O_2(g) \rightarrow CO_2(g)$$
$$v = kc(O_2)$$

③若反应物中有气体，在速率方程式中也可用气体分压来代替浓度。上述反应的速率方程式也可写成

$$v = k'p(O_2)$$

质量作用定律可用分子碰撞观点加以解释。在一定温度下，反应物活化分子个数的百分数是一定的，当增加反应物浓度时单位体积中活化分子总数相应增大，所以反应速度加快。

（3）非基元反应速率方程式

对于化学计量反应

$$aA + bB \rightarrow dD + gG$$

由实验数据得出的经验速率方程式，常常也可写成：

$$v = k\{c(A)\}^{\alpha}\{c(B)\}^{\beta}$$

式中各组分浓度的方次α和β（一般不等于各组分化学计量数的绝对值）分别称为反应组分A和B的反应分级数，反应总级数为各组分反应分级数的代数和。

如$2NO+2H_2=N_2+2H_2O$，经实验测定，其反应速率方程为

$$v = k\{c(NO)\}^2\{c(H_2)\}^1$$

而不是$v = k\{c(NO)\}^2\{c(H_2)\}^2$，由此可见，非基元反应速率方程式浓度的指数与反应物的化学计量数的绝对值不一定相等，其指数必须由实验测定。有些反应通过实验测定的速率方程式中，反应物浓度的指数恰好等于方程式中该物质的化学计量数的绝对值，也不能断言一定是基元反应。

2.温度对化学反应速率的影响

温度是影响化学反应速率的主要因素之一。一般说来，升高温度可以增大化学反应速率。

（1）Van't Hoff规则

一般化学反应，在反应物浓度不变情况下，在一定温度范围内，温度升高10 K，反应速率或反应速率常数一般增加2～4倍，即

$$\frac{v_{(T+10)}}{v_T} = \frac{k_{(T+10)}}{k_T} = 2 \sim 4$$

此规则称为Van't Hoff规则。

温度升高使反应速率迅速加快，主要是因为温度升高，分子运动速度加快，分子间的碰撞次数增加。同时温度升高，分子的能量升高，活化分子百分数增大，因而有效碰撞次数显著增加，导致了化学反应速率明显加快。

（2）Arrhenius公式

1889年瑞典物理化学家Arrhenius在大量实验基础上提出反应速率常数和温度之间的关系，即

$$k = A\exp\left(\frac{-E_a}{RT}\right)$$

或写成

$$\ln\frac{k}{A} = \frac{-E_a}{RT}$$

式中，E_a为反应活化能，单位是$J \cdot mol^{-1}$；R为气体常数；A为"指前因子"，是反应的特性常数。

从上式可见，反应速率常数与热力学温度T成指数关系，温度的微小变化都会使k值有较大的变化，体现了温度对反应速率的显著影响。

Arrhemius公式较好地反映了反应速率常k与温度T的关系。由上式可看出，若以$\ln k$对$\frac{1}{T}$作图可得一直线，直线的斜率为$\frac{-E_a}{R}$，截距为$\ln A$，由这些数据即可求出活化能E_a和指前因子A。若已知某一反应在T_1时的反应速率常数为k_1，在T_2时的反应速率常数为k_2，有

$$\ln\frac{k_1}{A} = \frac{-E_a}{RT_1} \qquad\qquad (a)$$

$$\ln\frac{k_2}{A} = \frac{-E_a}{RT_2} \qquad\qquad (b)$$

式（b）-式（a）得

$$\ln\frac{k_2}{k_1} = -\frac{E_a}{R}\left(\frac{1}{T_2} - \frac{1}{T_1}\right) \qquad\qquad (c)$$

利用式（c）可计算反应的活化能以及不同温度下的反应速率常数k。

3.催化剂对化学反应速率的影响

关于催化剂的催化作用，需要注意以下几方面。

①催化剂只能通过改变反应途径来改变反应速率，但不改变反应的ΔH或方向，它无法使不能自发进行的反应得以进行。

②催化剂能同等程度地改变可逆反应的正逆反应速率，因此催化剂能加快化学平衡的到达，但不会导致化学平衡常数的改变，也不会影响化学平衡的移动。

③催化剂具有选择性，一种催化剂通常只能对一种或少数几种反应起催化作用，同样的反应物用不同的催化剂可得到不同的产物。例如乙醇脱氢，采用不同的催化剂所得的产物不同，即

$$C_2H_5OH \xrightarrow[\text{473-523 K}]{\text{Cu}} CH_3CHO + H_2$$

$$C_2H_5OH \xrightarrow[\text{623-633 K}]{\text{Al}_2\text{O}_3} C_2H_4 + H_2O$$

$$C_2H_5OH \xrightarrow[\text{413 K}]{\text{浓H}_2\text{SO}_4} C_2H_5OC_2H_5 + H_2O$$

生物体内进行着各种复杂的反应，如碳水化合物、蛋白质、脂肪等物质的合成和分解，基本上都是以酶为催化剂来进行反应，酶的本质是一类结构和功能特殊的蛋白质，被酶催化的对象称为底物（或称为基质），酶作为一种生物催化剂，具有以下几方面独特的特点。

①高度的专一性

酶催化作用的选择性很强，一种酶往往对一种特定的反应有效。

②高度的催化效率

酶催化效率比通常的无机或有机催化剂高出 $10^8 \sim 10^{12}$ 倍，能大大降低反应的活化能。例如蔗糖水解反应，在转化酶作用下可使其活化能从 $107\ kJ \cdot mol^{-1}$ 降至 $39.1\ kJ \cdot mol^{-1}$。

③温和的催化条件

酶催化剂反应所需的条件温和，一般在常温常压下就能进行，不像有的催化剂反应要在高温高压下进行。

④对特殊的酸碱环境要求

酶只在一定的pH值范围内才表现出其活性，若溶液pH值不适宜，就可能因酶的分子结构发生改变而失去活性。

第 3 章
酸碱平衡与沉淀溶解平衡研究

3.1 酸碱平衡理论分析

3.1.1酸碱电离理论

1884年阿仑尼乌斯（S.Arrhenius）提出：电解质在水溶液中解离时产生的阳离子全部是H^+的化合物叫酸；解离生成的阴离子全部是OH^-的化合物叫碱。解离出的阳离子除H^+外、解离出的阴离子除OH^-外还有其他离子的化合物称为盐。

3.1.2酸碱质子理论

1.质子酸碱的定义

1923年由丹麦的化学家布朗斯特（Bronsted）和英国的化学家劳瑞（Lowry）分别提出了酸碱质子理论。该理论将酸碱分别定义为：凡是能给出质子（H^+）的物质都是酸；凡是能结合质子（OH^-）的物质都是碱。

2.酸碱反应

酸碱反应的实质是质子的传递。酸碱质子理论扩大了酸碱的含义，酸碱反应可以在非水溶剂、无溶剂等条件下进行。然而该理论定义的酸必须有一个可解离的氢原子，因而只适用于有质子转移的反应。

3.1.3酸碱电子理论

在与酸碱质子理论提出来的同时，美国化学家路易斯（G.N.Lewis）在研究化学反应的过程中，从电子对的给予和接受提出了新的酸碱概念，后来发展为Lewis酸碱理论，也称为酸碱电子理论。这个理论将酸碱定义为：酸是可以接受电子对的分子或离子，酸是电子对的接受体；碱则是可给出电子对的分子和离子，碱是电子对的给予体；酸碱之间以共价配键相结合，并不发生电子转移。路易斯酸碱理论是目前应用最广的酸碱理论。

3.1.4软硬酸碱理论

路易斯酸碱分成软硬两大类，即硬酸、软酸和硬碱、软碱。关于软硬酸、碱反应，有一个经验原则，根据这一原则可以估计某一金属离子（酸）与某一配位体（碱）配合能力的大小，这个经验软硬酸碱原则是："硬亲硬，软亲软，软硬交界就不管。"大量事实的总结，硬酸与硬碱、软酸与软碱相结合能形成稳定的配合物；而硬–软结合的顷向较小，所形成的配合物不稳定；交界酸碱不论对象是硬还是软，均能与之反应，所形成的配合物的稳定性中等。

3.2 溶液的酸碱性与弱酸、弱碱的电离平衡

酸碱平衡与其他化学平衡一样是一个动态平衡，当外界条件改变时，旧的平衡就被破坏，平衡会发生移动，直至建立新的平衡。影响酸碱平衡的主要因素有稀释作用、同离子效应及盐效应。

摘要描述了不同类型电解质在水溶液中的分离程度。解离度是当电解质达到溶液中的平衡时分解的百分比，用符号"α"表示，即：

$$\alpha = \frac{已解离的电解质分子数}{溶液中原有电解质的分子总数} \times 100\%$$

影响解离度α的主要因素有：

①电解质的本性。电解质的极性越强，越大，反之越小。
②溶液的浓度。溶液越稀，越大。
③溶剂的极性。溶剂的极性越强，越大。
④溶液的温度。解离是吸热过程，温度升高，略微增大。
⑤其他电解质的存在也有一定的影响。

3.3 缓冲溶液分析

实际生活中，农作物的生长发育、动物机体内的正常生理活动、微生物的活动等都必须在一定的pH条件下进行。因此，需要有一个系统能维持pH基本保持不变，这种系统就是缓冲溶液，它能保持pH基本不变的作用称为缓冲作用。

3.3.1缓冲溶液的组成及缓冲原理

一种能够抵抗少量的酸、碱或适度稀释并维持系统pH值的溶液被称为缓冲溶液。缓冲溶液通常由大量的抗酸和碱化合物组成，通常被称为缓冲对，此缓冲对一般为弱电解质的共轭酸碱对。缓冲溶液具有缓冲作用是由于溶液中同时含有足够量的抗酸成分与抗碱成分。

3.3.2缓冲容量和缓冲范围

缓冲溶液能够抵抗外来少量的酸、碱或者适量的稀释而溶液本身的pH基本保持不变，但其缓冲能力是有限的，超过一定限度则会丧失缓冲作用。不同的缓冲溶液其缓冲能力不同。常用缓冲容量（β）来衡量缓冲能力的大小。缓冲容量是指使单位体积缓冲溶液的pH改变dpH个单位所需加入的强酸或强碱的物质的量dn。

$$\beta = \frac{\mathrm{d}n}{\mathrm{dpH}}$$

缓冲容量越大，缓冲能力越强。影响缓冲容量的因素主要有缓冲对的浓度和缓冲对浓度的比值（缓冲比）。实验证明：缓冲比相同，浓度大的缓冲溶液缓冲容量大，缓冲能力强；同一缓冲对，当其总浓度不变时，两组分浓度越接近，亦即缓冲比越趋于1，缓冲容量越大，缓冲能力越强，当缓冲比等于1时，缓冲溶液的缓冲能力最强。当缓冲比小于1∶10或大于10∶1时，缓冲溶液的缓冲能力很弱，甚至丧失缓冲能力。

3.4 沉淀溶解平衡研究

各种电解质在水中有不同的溶解度，通常将在100 g水中溶解量小于0.01 g的电解质称为难溶电解质。难溶电解质由于其溶解度较小，不管是难溶的强电解质还是弱电解质，都可以认为其溶解的部分完全解离，都以水合离子状态存在。

溶度积常数，在一定的温度下，在 定的温度下，当溶解和沉淀的速率，达到沉淀溶解的平衡态时，将溶解的电解质溶液溶解在溶液中。如AgCl的沉淀溶解平衡可表示为：

$$AgCl(s) \rightleftharpoons Ag^+(aq) + Cl^-(aq)$$

$K_{sp}^{\ominus}$ 值只与难溶电解质的本性和温度有关，与浓度无关。$K_{sp}^{\ominus}$ 值可以实验测定，也可以应用热力学函数计算。

溶度积 $\left(\beta = \dfrac{dn}{dpH}\right)$ 和溶解度（S）都可以用来表示物质的溶解能力，它们之间可以相互换算。难溶电解质的溶解度（S）可以用1L难溶电解质清晰的饱和溶液中溶解的该难溶电解质的物质的量表示。

第 4 章
氧化还原反应与原子结构、分子结构

4.1 氧化还原反应与电化学分析

氧化数是假设把化合物中成键的电子都归给电负性大的原子，从而求得原子所带的电荷，此电荷数即为该原子在该化合物中的氧化数。

4.1.1氧化数法及离子–电子法

氧化数法配平氧化还原反应方程式的具体步骤如下。

①首先写出基本反应式，以硝酸与硫磺作用生成二氧化硫和一氧化氮为例，则

$$S+HNO_3 \rightarrow SO_2+NO+H_2O$$

②找出氧化剂中原子氧化数降低的数值和还原剂中原子氧化数升高的数值。

上述反应中，氮原子的氧化数由+5变为+2，它降低的值为3，因此它是氧化剂。硫离子的氧化数由0变为+4，它升高的值为4，因此它是还原剂，即

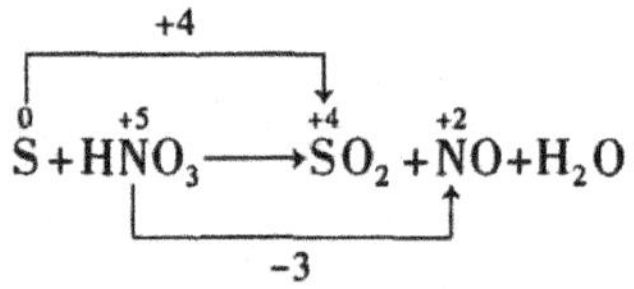

③按照最小公倍数的原则对各氧化数的变化值乘以相应的系数4和3，使氧化数降低值和升高值相等，都是12，即

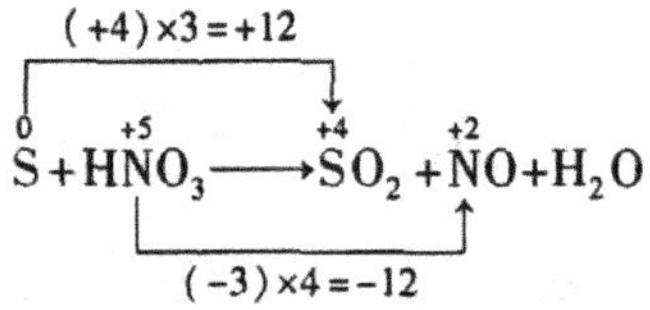

④将找出的系数分别乘在氧化剂和还原剂的分子式前面，并使方程式两边的氮原子和硫原子的数目相等，即

$$3S+4HNO_3 \rightarrow 3SO_2+4NO+H_2O$$

⑤用观察法配平氧化数未变化的元素原子数目，则得

$$3S+4HNO_3 \rightarrow 3SO_2+4NO+2H_2O$$

⑥最后把反应方程式的"→"换成"="，方程式配平

$$3S+4HNO_3 \rightarrow 3SO_2\uparrow +4NO\uparrow +2H_2O$$

在有些化合物中，元素原子的氧化数确定比较困难，它们参加的氧化还原反应，用氧化数法配平反应式存在一定的困难，例如

$$MnO_4^- + H_2C_2O_4 + H^+ \rightarrow Mn^{2+} + CO_2 + H_2O$$

【例4.1】 配平反应方程式

$$KMnO_4 + K_2SO_3 \rightarrow MnSO_4 + K_2SO_4 \qquad (酸性介质)$$

解：第一步，写出主要的反应物和生成物的离子式，即

$$KMnO_4^- + S_3^{2-} \rightarrow SO_4^{2-} + Mn^{2+}$$

第二步，写出两个半反应中的电对，即

$$MnO_4^- \rightarrow Mn^{2+} \qquad (还原)$$

$$SO_3^{2-} \rightarrow SO_4^{2-} \qquad (氧化)$$

第三步，配平两个半反应，即

$$MnO_4^- + 8H^{2+} + 5e \rightarrow Mn^{2+} + 4H_2O \qquad (氧化半反应)$$

$$SO_3^{2-} + H_2O - 2e \rightarrow SO_4^{2-} + 2H^+ \qquad (还原半反应)$$

由于反应是在酸性介质中进行的，在氧化半反应式中，产物的氧原子数比反应物少时，应在左侧加H$^+$离子使所有的氧原子都化合而成H$_2$O，并使氧原子数和电荷数均相等；在还原半反应式的左边加水分子使两边的氧原子和电荷均相等。

第四步，根据获得和失去电子数必须相等的原则，将两个半反应式加合而成一个配平了的离子反应式，即

$$2MnO_4^- + 16H^+ + 10e \longrightarrow 2Mn^{2+} + 8H_2O$$

$$\frac{+5SO_3^{2-} + 5H_2O - 10e \rightarrow 5SO_4^{2-} + 10H^+}{2MnO_4^- + 5SO_3^{2-} + 6H^+ =\!=\!= 2Mn^{2+} + 5SO_4^{2-} + 3H_2O}$$

在配平半反应方程式时，如果反应物和生成物内所含的氧原子的物质的量（通常不规范地说成氧原子的数目）不等，可根据介质的酸碱性，分别在半反应方程式中加H$^+$、OH$^-$或H$_2$O使反应方程式两边的氧原子的物质的量相等。

综上所述，氧化数法既可配平分子反应式也可配平离子反应式，是一种常用的配平反应式的方法。离子-电子法除对于用氧化数法难以配平的反应式比较方便之外还可通过学习离子-电子法掌握书写半反应式的方法，而半反应式是电极反应的基本反应式。

4.1.2原电池和电极电势

1.原电池

原电池是利用自发的氧化还原反应产生电流的装置。它可使化学能转化为电能，同时证明氧化还原反应中有电子转移。如Cu-Zn原电池，如图4-1所示。

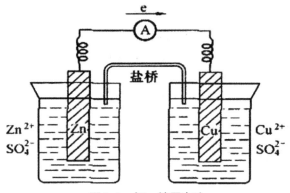

图4-1　铜—锌原电池

将锌片插入含有$ZnSO_4$溶液的烧杯中，铜片插入含有$CuSO_4$溶液的烧杯中。用盐桥将两个烧杯中的溶液沟通，将铜片、锌片用导线与检流计相连形成外电路，就会发现有电流通过。实验表明，在两极发生反应为

负极　　　　$Zn - 2e \rightarrow Zn^{2+}$

正极　　　　$Cu^{2+} - 2e \rightarrow Cu$

总反应　　　$Cu^{2+} + Zn = Cu + Zn^{2+}$

盐桥通常是U形管，其中装入含有琼胶的饱和氯化钾溶液。盐桥中的K^+和Cl^-分别向硫酸铜溶液和硫酸锌溶液移动，使锌盐溶液和铜盐溶液一直保持着电中性。因此，锌的溶解和铜的析出得以继续进行，电流得以继续流动。

在原电池中，每一个半电池是由同一种元素不同氧化值的两种物质所构成。一种是处于低氧化值的可作还原剂的物质，称为还原型物质，例如锌半电池中的Zn，铜半电池中的Cu。另一种是处于高氧化值的可作氧化剂的物质，称为氧化态物质，例如锌半电池中的Zn^{2+}，铜半电池中的Cu^{2+}。这种由同一元素的氧化态物质和其对应的还原态物质所构成的整体，称为氧化还原电对，常用氧化态／还原态表示。例如Zn^{2+}/Zn和Cu^{2+}/Cu电对。氧化态物质和还原态物质在一定条件下可相互转化，即

$$氧化态 + ne \leftrightarrows 还原态$$

这种关系式称为电极反应。原电池是由两个氧化还原电对组成的。在理论上说，任何氧化还原反应均可设计成原电池，但实际操作有时会很困难，特别是有些复杂的反应。

为了简便和统一，原电池的装置可以用符号表示，如铜锌原电池可表示为

$$(-)Zn(s)\left|ZnSO_4(c_1)\right\|CuSO_4(c_2)\left|Cu(s)(+)\right.$$

习惯上把负极($-$)写在左边，正极($+$)写在右边。其中"|"，表示两相界面；"‖"表示盐桥；c_1和c_2表示溶液的浓度，当溶液浓度为1时可略去不写。若有气体参加电极反应，还需注明气体的分压。

值得注意的是，如果电极反应中的物质本身不能作为导电电极，也就是说，若电极反应中无金属导体时，则必须用惰性电极（如铂电极、石墨电极等）作为导电电极，而且参加电极反应的物质中有纯气体、液体或固体时，如$Cl_2(g)$、$Br_2(l)$、$I_2(s)$应写在导电电极一边。另外，若电极反应中含有多种离子，可用逗号把它们分开，例如

$$5Fe^{2+} + MnO_4^- + 8H^+ = 5Fe^{3+} + Mn^{2+} + 4H_2O$$

对应的原电池符号为

$$(-)Pt\left|Fe^{2+}(c_1),Fe^{3+}(c_2)\right\|MnO_4^-(c_3),Mn^{2+}(c_4),H^+(5)\left|Pt(+)\right.$$

又如

$$Sn^{2+} + Hg_2Cl_2 = Sn^{4+} + 2Hg + 2Cl^-$$

对应的原电池符号为

$$(-)Pt\left|Sn^{2+}(c_1),Sn^{4+}(c_2)\right\|Cl^-(c_3)\left|Hg_2Cl_2,Hg\right|Pt(+)$$

$$\Delta_r G_m^\ominus = -nFE^\ominus$$

【例4.2】试根据下列电池写出反应式并计算在298.15 K时电池的$E^\ominus$值和$\Delta_r G_m^\ominus$值。

$$(-)Zn\left|ZnSO_4\left(1mol\cdot L^{-1}\right)\right\|CuSO_4\left(1mol\cdot L^{-1}\right)\left|Cu(+)\right.$$

解：从上述电池看出锌是负极，铜是正极，电池的氧化还原反应式为

$$Cu^{2+} + Zn = Cu + Zn^{2+}$$

我们可以知道

$$\varphi^\ominus\left(Zn^{2+}/Zn\right) = -0.7682\ V$$

$$\varphi^\ominus\left(Cu^{2+}/Cu\right) = +0.34\ V$$

$$E^\ominus = \varphi^\ominus\left(Cu^{2+}/Cu\right) - \varphi^\ominus\left(Zn^{2+}/Zn\right) = +0.34\ V - (-0.7628\ V) = 1.10\ V$$

即

$$E^\ominus = 1.10\ V$$

将 $E^\ominus$ 代入可得

$$\Delta_r G_m^\ominus = -nFE^\ominus = -2 \times 96.5 \text{ kJ} \cdot \text{V}^{-1} \cdot \text{mol}^{-1} \times 1.10 \text{ V} = -212 \text{ kJ} \cdot \text{mol}^{-1}$$

即

$$\Delta_r G_m^\ominus = -212 \text{ kJ} \cdot \text{mol}^{-1}$$

2.影响电极电势的因素

（1）能斯特（Nernst）方程式

对于任意一个氧化还原反应

$$a\text{Ox}_1 + b\text{Re}_2 === d\text{Re}_1 + c\text{Ox}_2$$

其中 Ox_1/Re_1、Ox_2/Re_2 分别是氧化还原过程中的电对，a、b、c 和 d 为各物质的计量系数。

等温等压下，由热力学等温方程式可知

$$\Delta_r G_m = \Delta_r G_m^\ominus + RT \ln Q$$

将 $\Delta_r G_m = -nFE, \Delta_r G_m^\ominus = -nFE^\ominus$ 代入上式并整理得

$$-nFE = -nFE^\ominus + RT \ln Q$$

即

$$E = E^\ominus - \frac{RT}{nF} \ln Q$$

称上式为Nernst（德国化学家W.Nernst）方程式。式中，n 为电池反应电子转移数，Q 为反应商。Nernst方程式表达了一个氧化还原反应任意状态下电池电动势 E 与标准电池电动势 $E^\ominus$ 及反应商 Q 之间的关系。同时，Nernst方程式也是计算任意状态下电池电动势的理论依据。

将

$$E = \varphi_+ - \varphi_-, E^\ominus = \varphi_+^\ominus - \varphi_-^\ominus, Q = \frac{\left(c(\text{Re}_1)/c^\ominus\right)^d \left(c(\text{Ox}_2)/c^\ominus\right)^c}{\left(c(\text{Ox}_1)/c^\ominus\right)^d \left(c(\text{Re}_2)/c^\ominus\right)^c}$$

代入式

$$E = E^\ominus - \frac{RT}{nF} \ln Q$$

经整理可得

$$E = E^\ominus - \frac{RT}{nF} \ln \frac{\left\{c(\text{Re}_1)/c^\ominus\right\}^d \left\{c(\text{Ox}_2)/c^\ominus\right\}^c}{\left\{c(\text{Ox}_1)/c^\ominus\right\}^a \left\{c(\text{Re}_2)/c^\ominus\right\}^b}$$

或

$$\varphi\left(\text{O}_2/\text{OH}^-\right) = \varphi^\ominus\left(\text{O}_2/\text{OH}^-\right) + \frac{0.0592\text{V}}{4} \lg \frac{p(\text{O}_2)/p^\ominus}{\left\{c(\text{OH}^-)/c^\ominus\right\}^4}$$

由于在原电池中两个电极是相互独立的，φ 值大小在一定温度时只与电极本性及参加电极反应的物质浓度有关，因此上式可分解为两个独立的部分，即

$$\varphi_+ = \varphi_+^\ominus + \frac{RT}{nF}\ln\frac{\{c(\mathrm{Ox}_1)/c^\ominus\}^a}{\{c(\mathrm{Re}_1)/c^\ominus\}^d}$$

上面两式的形式完全一样，它具有普遍的意义。设电极反应为

$$a\mathrm{Ox}+n e = b\mathrm{Re}$$

则

$$\varphi = \varphi^\ominus(\mathrm{Ox/Re}) + \frac{RT}{nF}\ln\frac{\{c(\mathrm{Ox})/c^\ominus\}^a}{\{c(\mathrm{Re})/c^\ominus\}^b}$$

上式称为电极反应的Nernst方程式。该式表明在任意状态时电极电势与标准态下的电极电势及电极反应物质浓度之间的关系。

在实际操作中，测定的是溶液的浓度，Nernst方程式中用的应为活度，当溶液无限稀释时，离子间的相互作用趋于零，活度也就接近于浓度。在本书中，如无特别说明，Nernst方程式中的活度均用相对浓度$(c/c^\ominus)$代替。

若在298.15 K时将自然对数变换为以10为底的对数并代入R和F等常数的数值，则有

$$\varphi = \varphi^\ominus(\mathrm{Ox/Re}) + \frac{0.0592\,\mathrm{V}}{n}\lg\frac{\{c(\mathrm{Ox})/c^\ominus\}^a}{\{c(\mathrm{Re})/c^\ominus\}^b}$$

这是两个十分重要的公式，它们是处理非标准态下氧化还原反应的理论依据。

在应用Nernst方程式时应注意以下几方面。

①若电极反应中有固态物质或纯液体，则其不出现在方程式中。若为气体物质，则以气体的相对分压$(p/p^\ominus)$来表示。

②若电极反应中，除氧化态、还原态物质外，还有参加电极反应的其他物质，如H^+、OH^-存在，则这些物质的相对浓度项也应出现在Nernst方程式中。

③若有纯液体（如Br_2）、纯固体（如Zn）和水参加电极反应，它们的相对浓度为1。

（2）浓度对电极电势的影响

Nernst方程式表明，对于一个固定的电极，在一定的温度下，其电极电势值的大小只与参加电极反应的物质的浓度有关。Nernst方程式的重要应用

就是分析电极物质浓度的变化对电极电势的影响。下面通过举例来讨论浓度对电极电势的影响。

【例4.5】 计算当$c(Zn^{2+})=0.001mol \cdot L^{-1}$时，电对$Zn^{2+}/Zn$在298.15 K时的电极电势。

解：此电对的电极反应是

$$Zn^{2+} + 2e = Zn$$

按式

$$\varphi = \varphi^{\ominus}(Ox/Re) + \frac{0.0592\ V}{n} \lg \frac{\{c(Ox)/c^{\ominus}\}^a}{\{c(Re)/c^{\ominus}\}^b}$$

写出其Nernst方程式为

$$\varphi(Zn^{2+}/Zn) = \varphi^{\ominus}(Zn^{2+}/Zn) + \frac{0.0592\ V}{2} \lg\{c(Zn^{2+})/c^{\ominus}\}$$

代入有关数据，则

$$\varphi(Zn^{2+}/Zn) = -0.7628V + \frac{0.0592\ V}{2} \lg(0.001) = -0.8516\ V$$

即

$$\varphi(Zn^{2+}/Zn) = -0.8516\ V$$

【例4.6】 计算298.15 K下，pH=13时的电对O_2/OH^-的电极电势。

$$p(O_2) = 100.00kPa$$

解：此电对的电极反应是

$$O_2 + 2H_2O + 4e = 4OH$$

当pH=13时，$c(O_2/OH^-)=0.1\ mol \cdot L^{-1}$，按式

$$\varphi = \varphi^{\ominus}(Ox/Re) + \frac{0.0592\ V}{n} \lg \frac{\{c(Ox)/c^{\ominus}\}^a}{\{c(Re)/c^{\ominus}\}^b}$$

写出其Nernst方程式为

$$\varphi(O_2/OH^-) = \varphi^{\ominus}(O_2/OH^-) + \frac{0.0592\ V}{4} \lg \frac{p(O_2)/p^{\ominus}}{\{c(OH^-)/c^{\ominus}\}^4}$$

代入有关数据，则

$$\varphi(O_2/OH^-) = (+0.401\ V) + \frac{0.0592\ V}{4} \lg \frac{1}{(0.100)^4} = +0.460\ V$$

即

$$\varphi\left(O_2/OH^-\right)=+0.460\ V$$

通过上述两个例题可以看出，当氧化态或还原态离子浓度变化时，电极电势的代数值将受到影响，不过这种影响不大。当氧化态（如Zn^{2+}）浓度减少时，其电极电势的代数值减少，这表明此电对（如Zn^{2+}/Zn）中的还原态（如Zn）的还原性将增强；当还原态（如OH^-）浓度减少时，其电极电势的代数值增大，这表明此电对（如O_2/OH^-）中的氧化态（如O_2）的氧化性将增强。

3.酸度对电极电势的影响

【例4.7】　在298.15 K下，将Pt片浸入$c\left(Cr_2O_7^{2-}\right)=c\left(Cr^{3+}\right)=1\ mol\cdot L^{-1}$，$c\left(H^+\right)=10\ mol\cdot L^{-1}$溶液中。计算电对$Cr_2O_7^{2-}/Cr^{3+}$的电极电势。

解：此电对的电极反应为

$$Cr_2O_7^{2-}+14H^++6e=2Cr^{3+}+7H_2O$$

按式

$$\varphi=\varphi^{\ominus}\left(Ox/Re\right)+\frac{0.0592\ V}{n}\lg\frac{\left\{c\left(Ox\right)/c^{\ominus}\right\}^a}{\left\{c\left(Re\right)/c^{\ominus}\right\}^b}$$

写出其Nernst方程式为

$$\varphi\left(Cr_2O_7^{2-}/Cr^{3+}\right)=\varphi^{\ominus}\left(Cr_2O_7^{2-}/Cr^{3+}\right)+\frac{0.0592\ V}{n}\lg\frac{\left|c\left(Cr_2O_7^{2-}\right)/c^{\ominus}\right|\left\{c\left(H^+\right)/c^{\ominus}\right\}^{14}}{\left\{c\left(Cr^{3+}\right)/c^{\ominus}\right\}^2}$$

代入有关数据，则

$$\varphi\left(Cr_2O_7^{2-}/Cr^{3+}\right)=\left(+1.33V\right)+\frac{0.0592\ V}{6}\lg\frac{1\times\left(10.0\right)^{14}}{1}=+1.47V$$

即

$$\varphi\left(Cr_2O_7^{2-}/Cr^{3+}\right)=+1.47V$$

由上例可以看出，介质的酸碱性对氧化还原电对的电极电势影响较大。当$c(H^+)$从$1\ mol\cdot L^{-1}$增加到$10\ mol\cdot L^{-1}$时，φ从+1.33 V增大到+1.47 V，使高锰酸盐的氧化能力一般；可见，高锰酸盐在酸性介质中的氧化能力较强。

4.1.3电极电势的应用

1.判断氧化剂和还原剂的相对强弱

电极电势越正，氧化态的氧化性越强，还原态的还原性越弱。电极电势越负，还原态的还原性越强，氧化态的氧化性越弱。因此，判断两个氧化剂（或还原剂）的相对强弱时，可用对应的电极电势的大小来判断。若处于标准态，标准电极电势是很有用的。根据标准电极电势对应的电极反应，这种半电池反应常写为

氧化态 + ne ⇌ 还原态

则 $\varphi^{\ominus}$ 越大，$\Delta_r G_m^{\ominus}$ 越小，电极反应向右进行的趋势越强；即 $\varphi^{\ominus}$ 越大，电对的氧化态的电子能力越强，还原态失电子能力越弱。或者说，某电对的 $\varphi^{\ominus}$ 越大，其氧化态是越强的氧化剂，还原态是越弱的还原剂。反之，某电对的 $\varphi^{\ominus}$ 越小，其还原态是越强的还原剂，氧化态越弱的氧化剂。若处于非标准态，用 φ 判断。φ 由 Nernst 方程计算求得，然后再比较氧化剂或还原剂相对强弱。

例如判断 Zn 与 Fe 还原性的强弱，查看在碱性水溶液中的标准电极电势标准可知 $\varphi^{\ominus}(Fe^{2+}/Fe) = -0.440V$、$\varphi^{\ominus}(Zn^{2+}/Zn) = -0.7628V$。这表示在酸性介质中处于标准态时，Zn 的还原性强于 Fe、Zn^{2+} 的氧化性弱于 Fe^{2+}。

2.判断氧化还原反应进行的方向和进行的程度

在前面的章节中我们已经知道，由 $\Delta_r G$（或 E）或 $\Delta_r G_m^{\ominus}$（或 $E^{\ominus}$）可判断氧化还原反应进行的方向和限度。等温等压条件下，$\Delta_r G < 0$，$E > 0$，反应正向自发进行；$\Delta_r G > 0$，$E < 0$，反应正向不自发进行，逆向自发；$\Delta_r G = 0$，$E = 0$，反应达到平衡状态。如果电池反应是在标准态下进行，则有 $\Delta_r G_m^{\ominus} < 0, E^{\ominus} > 0$，反应正向自发进行；$\Delta_r G_m^{\ominus} > 0, E^{\ominus} < 0$，反应正向不自发进行，逆向自发；$\Delta_r G^{\ominus} = 0, E^{\ominus} = 0$，反应达到平衡状态。通常对非标准态的氧化还原反应，也可以用标准电池电动势来粗略判断。在电极反应中，若没有 H^+ 或 OH^- 参加，也无沉淀生成，且 $E^{\ominus} > 0.2$ V 时，反应一般正向进行，浓度或分压的变化不易引起反应方向的变化。若 $0 < E^{\ominus}$，则需通过 Nernst 方程计算后，再用 E 判断。若电极反应有 H^+ 或 OH^- 参加，$E^{\ominus} > 0.5$ V 反应一般正向进行。若 $0 < E^{\ominus} < 0.5$ V，则需通过 Nernst 方程计算后，再用 E 判断。事实上参与反应的氧化态和还原态物质，其浓度和分压并不都是 $1 \ mol \cdot L^{-1}$ 或标准气压。不过在大多数情况下，用标准电极电势来判断，结论还是正确的，这是因为经常遇到的大多数氧化还原反应，如果组成原电池，其电动势都是比较大的，一般大于 0.2 V。在这种情况下，浓度或分压的变化虽然会影响电极电势，但不会因为浓度的变化而使 $E^{\ominus}$ 值正负变号。但也有个别的氧化还原反应组成原电池后，它的电动势相当小，这时判断反应方向，必须考虑浓度对电极电势的影响，否则会出差错。例如判断下列反应的反向

$$Sn+Pb^{2+}\left(0.100\ 0\ mol\cdot L^{-1}\right)=Sn^{2+}\left(1\ mol\cdot L^{-1}\right)+Pb$$

按式子写出其Nernst方程式为

$$\varphi\left(Pb^{2+}/Pb\right)=\varphi^{\ominus}\left(Pb^{2+}/Pb\right)+\frac{0.059\ 2\ V}{2}lg\left\{c\left(Pb^{2+}\right)/c^{\ominus}\right\}$$

从附录4可查得$\varphi^{\ominus}\left(Pb^{2+}/Pb\right)=-0.126\ 2\ V$，代入有关数据，则

$$\varphi\left(Pb^{2+}/Pb\right)=-0.126\ 2\ V+\frac{0.059\ 2\ V}{2}lg\left(0.1000\right)=-0.158\ 8\ V$$

$$\varphi^{\ominus}\left(Sn^{2+}/Sn\right)=-0.317\ 5\ V=\varphi\left(Sn^{2+}/Sn\right)>\varphi\left(Pb^{2+}/Pb\right)=-0.155\ 8\ V$$

所以上述反应可以逆向进行。

3.求平衡常数和溶度积常数

（1）求平衡常数

氧化还原反应同其他反应如沉淀反应和酸碱反应等一样，在一定条件下也能达到化学平衡。那么，氧化还原反应的平衡常数怎样求得呢？

在前面的章节中，已介绍过标准自由能变化和平衡常数之间的关系为

$$\Delta_r G_m^{\ominus}=-RT\ln K^{\ominus}$$

而所有的氧化还原反应从原则上讲又都可以用它构成原电池，电池的电动势与反应自由能变化之间的关系为

$$\Delta_r G_m^{\ominus}=-nFE^{\ominus}$$

所以由以上两式可得

$$\ln K^{\ominus}=\frac{nFE^{\ominus}}{RT}$$

在298.15 K时

$$\ln K^{\ominus}=\frac{nE^{\ominus}}{0.0257V}$$

或

$$lg K^{\ominus}=\frac{nE^{\ominus}}{0.0592V}$$

由式子可知若知道了电池的电动势和电子的转移数，便可计算氧化还原反应的平衡常数了。但是在应用上述式子时，应注意准确地取用n的数值，因为同一个电池反应，可因反应方程式中的计量数不同而有不同的电子转移数n。

（2）求溶度积常数

【例4.8】 测定AgCl的溶度积常数$K_{sp}^{\ominus}$。

解：可设计一种由AgCl/Ag和Ag$^+$/Ag两个电对所组成的原电池，测定AgCl的溶度积常数$K_{sp}^{\ominus}$。在AgCl/Ag半电池中，Cl$^-$浓度为1 mol·L^{-1}，在Ag$^+$/Ag半电池中，Ag$^+$浓度为1 mol·L^{-1}。这个原电池可设计为

$$(-)Ag(s)\big|AgCl(s)\big|Cl^{-1}\left(1\ mol·L^{-1}\right)\big\|Ag^+\left(1\ mol·L^{-1}\right)\big|Ag(s)(+)$$

正极反应 $Ag^+ + e \rightleftharpoons Ag$；$\varphi^{\ominus}(Ag^+ + Ag = +0.779\ 6\ V$

负极反应 $AgCl + e \rightleftharpoons Ag + Cl^-$；$\varphi^{\ominus}(\dfrac{AgCl}{Ag}) = 0.22\ V$

电池反应 $Ag^+ + Cl^- \rightleftharpoons AgCl$；$E^{\ominus} = +0.799\ 6\ V - 0.22\ V = 0.58\ V$

根据将$E^{\ominus} = 0.58\ V$和$n=1$代入式$\lg K^{\ominus} = \dfrac{E^{\ominus}}{0.059\ 2\ V}$得

$$\lg K^{\ominus} = \dfrac{nE^{\ominus}}{0.0592V} = \dfrac{1 \times 0.58V}{0.0592V}$$

即 $$K^{\ominus}(AgCl) = \dfrac{1}{K^{\ominus}} = \dfrac{1}{6.3 \times 10^9} = 1.6 \times 10^{-9}$$

由于AgCl在水中的溶解度很小，用一般的化学方法很难测得其$K_{sp}^{\ominus}$值，而利用原电池的方法来测定AgCl的溶度积常数是很容易的。

4.1.4元素电势图及其应用

1.元素电势图

在周期表中，除碱金属和碱土金属外，其余元素几乎都存在着多种氧化态，各氧化态之间都有相应的标准电极电势，美国化学家W.M.Latimer把它们的标准电极电势以图解方式表示，这种图称为元素电势图或Latimer图。比较简单的元素电势图是把同一种元素的各种氧化态按照高低顺序排列出横列，关于氧化态的高低顺序有两种书写方式：一种是从左至右，氧化态由高到低排列（氧化态在左边还原态在右边，本书采用此法）；另一种是从左到右，氧化态由低到高排列。两者的排列顺序恰好相反，所以使用时应加以注意。物质不同，物质的存在形式不同，电极电位数值也不同。所以根据溶液的pH值不同，又可以分为两大类：$\varphi_A^{\ominus}$（A表示酸性溶液）表示溶液的pH=0，$\varphi_B^{\ominus}$（B表示碱性溶液）表示溶液的pH=14。

由于元素电位图中省去了介质及其产物的化学式，书写电对的离子平衡式时，要运用介质及其产物的书写原则：酸性介质中，方程式里不应出

现OH^-；在碱性介质中，方程式里不应出现H^+。

2.元素电势图的应用

通过元素电势图不仅能直观全面地看出一个元素各氧化态之间的关系和电极电势的高低，还可直观地判断各氧化态的稳定性，求算一些未知电对的电极电势。现分别讨论如下。

（1）判断元素各氧化态氧化还原性的强弱

元素电势图很直观地反映了元素各氧化态的氧化还原性的强弱。下面以锰的元素电势图为例进行讨论。从锰的元素电势图可知，在酸性介质中，除Mn^{2+}和Mn外，其余各氧化态都表现出较强的氧化性，其中MnO_4^{2-}在酸性介质中还原MnO_2表现的氧化性最强。这些氧化态在酸性介质中的氧化性比对应氧化态在碱性介质中的氧化性都强，金属锰在酸性介质和碱性介质中都有较强的还原性。

（2）判断元素各氧化态稳定性—歧化反应是否能够进行

如果某元素具有各种高低不同氧化态，则处于中间氧化态物质就可能在适当条件下（加热或加酸、碱）发生反应，一部分转化为较低氧化态，而另一部分转化为较高氧化态。这种反应称之为自身氧化还原反应。它是一种歧化反应。

将某氧化态组成的两个电对设计成原电池，若$\varphi_+^\ominus > \varphi_-^\ominus$，即$\varphi_右^\ominus > \varphi_左^\ominus$，表示反应能自发进行，说明该氧化态不稳定，能发生歧化反应。若$\varphi_+^\ominus < \varphi_-^\ominus$，即$\varphi_右^\ominus < \varphi_左^\ominus$，表示该氧化态稳定，不发生歧化反应。从Mn的元素电势图可知：在酸性介质中，MnO_4^{2-}不稳定，易歧化为MnO_4^-和MnO_4；Mn^{3+}不稳定，易歧化为MnO_2和Mn^{2+}；Mn^{2+}的氧化性弱，还原性也弱，故Mn^{2+}在酸性溶液中最稳定。在碱性介质中，$Mn(OH)_3$不稳定，易歧化为MnO_2和$Mn(OH)_2$；$Mn(OH)_2$的氧化性弱，但有较强的还原性，易被空气氧化为MnO_2，故MnO_2最稳定。

（3）求算未知电对的标准电极电势

如果同种元素有三种不同的氧化态，已知其中两个电极反应的标准电极电势值，利用自由能变化和电极电势关系可计算出第三个电极反应的标准电极电势值。

4.1.5金属腐蚀及其应用

金属或合金，由于坚固、耐用等性能，在工农业生产、交通运输和日常生活中得到广泛应用。金属受环境（大气中的氧气、水蒸气、酸雾、以及酸、碱、盐等各种物质）作用发生化学变化而失去其优良性能的过程称为金属腐蚀。金属腐蚀非常普遍，小到人们日常生活中钢铁制品生锈，大到各种大型机器设备因腐蚀而报废，造成的经济损失也非常惊人。全世界每年由于腐蚀而损失的金属约一亿吨，占年产量的20%~40%。更严重的是，在生产中由于机器、设备等受到腐蚀而损坏，造成环境污染、劳动条件恶化、危害人体健康、影响产品质量甚至造成恶性事故，危害更是难以估量。因此，了解金属腐蚀的原理及如何有效地防止金属腐蚀，对于保护劳动者的安全和健康，维护生产的正常进行是十分必要的。

1.金属腐蚀的分类

根据金属腐蚀的原理不同，可将金属腐蚀分为化学腐蚀和电化学腐蚀两大类。

（1）化学腐蚀

单纯由化学作用引起的腐蚀称为化学腐蚀。化学腐蚀的特征是，腐蚀介质为非电解质溶液或干燥气体，腐蚀过程中电子在金属与氧化剂之间直接传递而无电流产生。当金属在一定温度下与某些气体（如O_2、SO_2、H_2S、Cl_2等）接触时，会在金属表面生成相应的化合物、氧化物、硫化物、氯化物等而使金属表面腐蚀。这种腐蚀在低温时反应速度较慢，腐蚀不显著；但在高温时则会因反应速度加快而使腐蚀加速。例如在高温下钢铁容易被氧化，生成FeO、Fe_2O_3和Fe_3O_4组成氧化层，同时钢铁中的渗碳钢Fe_3C与周围的H_2O_3、CO_2等可发生脱碳反应，即

$$Fe_3C+O_2 === 3Fe+CO_2$$

$$Fe_3C+CO_2 === 3Fe+2CO$$

$$Fe_3C+H_2O === 3Fe+CO+H_2$$

脱碳反应的发生，致使碳不断地从邻近的尚未反应的金属内部扩散到反应区。于是金属内部的碳逐渐减少，形成脱碳层，同时，反应生成的H_2在金属内部扩散，使钢铁产生氢脆。脱碳和氢脆的结果都会使钢铁表面硬度和抗疲劳性降低。

金属在一些液态有机物（如苯、氯仿、煤油、无水酒精等）中的腐蚀，也是化学腐蚀，其中最值得注意的是金属在原油中的腐蚀。原油中含有多种形式的有机硫化物，与钢铁作用生成疏松的硫化亚铁是原油输送管道及贮器腐蚀的一大原因。

（2）电化学腐蚀

金属与周围的物质发生电化学反应（原电池作用）而产生的腐蚀，称为电化学腐蚀。

电化学腐蚀的特征是，电子在金属与氧化剂之间的传递是间接的，即金属的氧化与介质氧化剂的还原在一定程度上可以各自独立地进行从而形成了腐蚀微电池。在通常条件下，电化学腐蚀比化学腐蚀速率快，更普遍，危害性更大。所以了解电化学腐蚀的原理及如何防止电化学腐蚀显得更为迫切。

将纯金属锌片插入稀硫酸中，几乎看不到有气体H_2产生，但向溶液中滴加几滴$CuSO_4$溶液，锌片上立刻有大量的气体H_2产生。纯金属不易被腐蚀，但加入$CuSO_4$后，锌置换出铜覆盖在锌表面，形成了微型的原电池，即

$$Zn^{2+}+2e = Zn$$

锌为负极 $\qquad\qquad Cu^{2+}+2e = Cu$

铜为正极 $\qquad\qquad 2H^{+}+2e = H_2$

因而加大锌的溶解和氢气的产生。

应该指出，电化学腐蚀在常温下就能较快地进行，因此也比较普遍，危害性也比化学腐蚀大得多。例如钢铁一旦生锈，由于铁锈质地疏松又能导电，因此可使腐蚀蔓延，不仅破坏钢铁表面，还会逐渐向内部发展从而加剧钢铁的腐蚀。

2.金属的防腐蚀

认识了金属腐蚀的原因，就能有效地采取措施防止金属腐蚀。金属腐蚀过程是很复杂的过程，腐蚀的类型也不是单一的。但不管哪种类型的腐蚀均是金属与周围的介质发生作用引起的。因此，金属的防护应从金属和介质两方面考虑。常用的金属防腐蚀方法有以下几种。

（1）隔离介质

化学腐蚀或电化学腐蚀都是由于介质参与使金属被氧化而腐蚀。因此，设法让金属与介质隔离就可起到防护作用。当腐蚀电池的正、负极不与腐蚀介质接触时电流等于零，金属不会被腐蚀。因此可以在金属表面上涂一层非金属材料如油漆、搪瓷、橡胶、高分子（塑料）等，也可以在金属表面镀一层耐腐蚀的金属或合金形成一个保护层，使金属与腐蚀介质隔开，就能有效地防止金属腐蚀。

（2）改变金属性质

在金属中添加其他金属或非金属元素制成合金，可以降低金属的活泼性和减少被腐蚀的可能。这种方法一方面是改变金属本性提高防腐蚀性能的根本措施；另一方面还是改善金属的使用性能的有效措施。如含Cr 18%（质量分数）的不锈钢具有极强的抗腐蚀能力，被广泛用于制作不锈钢制品。

（3）金属钝化

铁在稀硝酸中溶解很快，但不溶于浓硝酸。这是因为铁在浓硝酸中被钝化了。用浓HNO_3、$AgNO_3$、$HClO_3$、$K_2Cr_2O_7$、K_2MnO_4等都可以使金属钝化。金属变成钝态之后，其电极电势向正的方向移动，甚至可以升高到接近于贵金属（如Pt、Au）的电极电势。由于电极电势升高，钝化后的金属失去了它原来的特性。

3.电化学防护

（1）牺牲阳极保护法

由金属的电化学腐蚀原理可知，在腐蚀过程中被腐蚀的金属作负极，失去电子。为防止腐蚀，可在被保护金属表面上连接一些更活泼的金属，使之成为原电池的负极，失去电子被腐蚀，被保护金属作正极得到保护。在轮船底部及海底设备上焊装一定数量的锌块，在海水中形成原电池，以保护船体。

（2）外加电流法

根据原电池的阴极不受腐蚀的原理，可在被保护的金属表面外接直流电的负极作为阴极。正极接在一些废钢铁上作为阳极。这时只要维持一定的外加电流，即可使金属构件免受腐蚀。地下输油管道及某些化工设备均可采用外加电流的阴极电保护法。

（3）缓蚀剂法

这种方法多用于直接与腐蚀性介质接触的金属管道等的防腐。通常在腐蚀性介质中加入少量添加剂，就能改变介质的性质，从而大大降低金属的腐蚀速率。其缓蚀机理一般是减慢腐蚀过程的速率，或者是覆盖电极表面从而防止腐蚀。这样的添加剂称为缓蚀剂。缓蚀剂的添加量一般在$0.1\% \sim 1\%$（质量分数）。缓蚀剂分为无机盐类与有机类两大类。在碱性或中性介质中常使用无机缓蚀剂硝酸钠、硅酸盐、亚硝酸钠、磷酸盐、铬酸盐和重铬酸盐等。在酸性介质中常用有机缓蚀剂琼脂、糊精、动物胶和生物碱等。

4.2 原子结构理论与分析

4.2.1 氢原子光谱和玻尔理论

1808年英国化学家道尔顿（John Dalton）提出了物质由原子构成，原子不可再分的看法。整个19世纪人们几乎都认为原子不可再分，但是19世纪末物理学上一系列的新发现，特别是电子的发现和 粒子的散射现象，终于打破了原子不可分割的旧看法，并证实原子本身也是很复杂的。

原子是由原子核和电子所组成。在化学反应中，原子核并不发生变化，而只是核外电子的运动状态发生变化。对核外电子运动状态的描述，最早的是玻尔理论。

近代原子结构理论的建立是从研究氢原子光谱开始的，原子受带电粒子的撞击直接发出特定波长的明线光谱称为发射光谱，这种由原子态激发产生的光谱称为原子光谱。它由许多不连续的谱线组成，所以又称线状光谱。

原子光谱中以氢原子光谱最简单，它在红外区、紫外区和可见光区都有几根不同波长的特征谱线。氢光谱在可见范围内有5根比较明显的谱线，通常用H_α、H_β、H_γ、H_δ、H_ϵ来表示，它们的波长依次为656.3、486.1、434.0、410.2和397.0 nm。对于原子光谱的不连续性，当时的卢瑟福核原子模型无法解释，直到玻尔（D.Bohr）提出原子结构新理论才解决了这个问题。

4.2.2原子的量子力学模型

量子力学是研究电子、原子、分子等微粒运动规律的科学。微观粒子运动不同于宏观物体运动，其主要特点是量子化和波粒二象性。

1.微观粒子的波粒二象性

光的波动性和粒子性经过了几百年的争论，到了20世纪初，物理学家通过大量实验对光的本性有了比较正确的认识。光的干涉、衍射等现象说明光具有波动性，而光电效应、原子光谱又说明光具有粒子性，这被称为光的波粒二象性。

光的波粒二象性及有关争论启发了法国物理学家德布罗意（L.de Broglie），他在1924年提出一个大胆的假设，实物微粒都具有波粒二象性，认为实物微粒不仅具有粒子性，还具有波的性质，这种波称为德布罗意波或物质波。他认为质量为m，运动速度为v的微粒波长λ相应为

$$\lambda = \frac{h}{p} = \frac{h}{mv}$$

式中，h为普朗克常数；p为动量。

德布罗意的大胆假说在1927年由戴维逊（C.J.Davission）和革麦（L.H.Germer）进行的电子衍射实验所证实。戴维逊和革麦用一束电子流，通过镍晶体（作为光栅），得到和光衍射相似的一系列衍射圆环，根据衍射实验得到的电子波的波长与按德布罗意公式计算出来的波长相符。此

现象说明电子具有波动性。以后又证明中子、质子等其他微粒都具有波动性。表4-1对几种物质的德布罗意波长进行了比较。

表4-1　几种物质的德布罗意波长

物质	质量 / g	速度 / (cm · s⁻¹)	λ / cm	波动性
慢速电子	9.1×10^{-28}	5.9×10^7	1.2×10^{-9}	显著
快速电子	9.1×10^{-28}	5.9×10^9	1.2×10^{-11}	显著
α粒子	6.61×10^{-24}	1.5×10^9	1.0×10^{-15}	显著
1g小球	1.0	1.0	6.6×10^{-29}	不显著
垒球	2.1×10^2	3.0×10^3	1.1×10^{-34}	不显著
地球	6.0×10^{27}	3.4×10^4	3.3×10^{-61}	不显著

物质波强度大的地方，粒子出现的机会多，即出现的几率大；强度小的地方，粒子出现的几率小。也就是说，空间任何一点波的强度和微粒（电子）在该处出现的几率成正比，所以物质波又称几率波。

2.核外电子运动状态描述

众所周知，电磁波可用波函数来描述。量子力学从微观粒子具有波粒二象性角度出发，认为微粒的运动状态也可用波函数来描述。对微粒来讲，它是在三维空间做运动的。因此，它的运动状态必须用三维空间伸展的波来描述，也就是说，这种波函数是空间坐标x、y、z的函数ψ（x，y，z）。波函数是一个描述波的数学函数式，量子力学上用它来描述核外电子的运动状态。波函数可通过解量子力学的基本方程——薛定谔方程求得。

（1）薛定谔方程

1926年，奥地利科学家薛定谔（E.Schrcdinger）在考虑实物微粒的波粒二象性的基础上，通过光学和力学的对比，把微粒的运动用类似于表示光波动的运动方程来描述。

薛定谔方程是一个二阶偏微分方程，是描述微观粒子运动的基本方程，即

$$\frac{\partial^2 \psi}{\partial x^2}+\frac{\partial^2 \psi}{\partial y^2}+\frac{\partial^2 \psi}{\partial z^2}+\frac{8\pi^2 m}{h^2}(E-V)\psi=0$$

式中，E为体系的总能量；V为体系的势能；m为微粒的质量；h为普朗克常数；x、y、z为微粒的空间坐标。

对于氢原子来说，ψ是描述氢原子核外电子运动状态的数学函数式，E

是氢原子的总能量，V是原子核对电子的吸引能，m是电子的质量。

解薛定谔方程时，为了数学上的求解方便，将直角坐标（x，y，z）变换为球极坐标（r，θ，φ），如图4-2所示。它们之间的变换关系如图4-3所示，图中p为空间的一点。

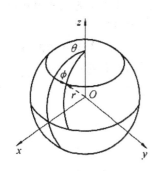

r — 半径；θ — 余纬度；ϕ — 平经度

图4-2　球极坐标

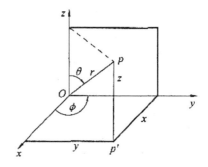

$x = r\sin\theta\cos\phi$；$y = r\sin\theta\sin\phi$；
$z = r\cos\phi$；$r^2 = x^2 + y^2 + z^2$

图4-3　球极坐标与直角坐标的关系

原函数是直角坐标的函数ψ（x、y、z），经变换后，成为球极坐标的函数ψ（r，θ，φ）。在数学上，将和几个变数有关的函数假设分成几个只含有一个变数的函数的乘积，从而求得这几个函数的解，再将它们相乘，就得到原函数

$$\psi(r,\theta,\varphi) = R(r)\Theta(\theta)\phi(\varphi)$$

通常把与角度有关的两个函数合并为$Y(\theta,\varphi)$，则

$$\psi(r,\theta,\varphi) = R(r)Y(\theta,\varphi)$$

ψ是r，θ，φ的函数，分成R（r）和Y（θ，φ）两部分后，R（r）只与电子离核的距离有关，所以R（r）称为波函数的径向部分，Y（θ，φ）只与两个角度有关，所以称为波函数的角度部分。

（2）波函数与原子轨道

波函数是通过解薛定谔方程得来的。所得的一系列合理的解ψ_i和相应的一系列能量值E_i代表了体系中电子的各种可能的运动状态，及与这个状态相对应的能量。因此在量子力学中微观粒子运动状态是用波函数和对应的能量来描述的。

波函数的意义可表述如下。

①波函数ψ是描述微观粒子（电子）运动状态的数学函数式，三维空间坐标的函数。

②每一个波函数ψ_i都有相对应的能量值E_i。

③电子的波函数没有明确直观的物理意义。

波函数ψ就是原子轨道，量子力学中的"轨道"不是指电子在核外运动遵循的轨迹，而是指电子的一种空间运动状态。

前述波函数可分为角度部分和径向部分乘积，即

$$\psi_{nlm}(r, \theta, \varphi) = R_{nl}(r)Y_{lm}(\theta, \varphi)$$

因此，可从角度部分和径向部分两个侧面来画原子轨道和电子云的图形。由于角度分布图对化学键的形成和分子构型都很重要，所以下面将对原子轨道和电子云的角度分布图加以举例说明，而对径向部分仅做简要介绍。

原子轨道的角度分布图，它表示波函数角度部分$Y(\theta, \varphi)$随θ和φ变化的情况。作法是先按照有关波函数角度部分的数学表达式（由解薛定谔方程得出）找出θ和φ变化时的$Y(\theta, \varphi)$值，再以原子核为原点，引出方向为(θ, φ)的直线，直线的长度为Y值。将所有这些直线的端点连接起来，在平面上是一定的曲线，在空间形成的一个曲面，即原子轨道角度分布图。

【例4.9】 画出s轨道的角度分布图，由薛定谔方程解得s轨道波函数的角度分布Y_s为$\sqrt{\dfrac{1}{4\pi}}$。

解：$Y_s = \sqrt{\dfrac{1}{4\pi}}$

由于Y_s是一个常数，与θ、φ无关，所以s原子轨道角度分布图为一球面，其半径为$\sqrt{\dfrac{1}{4\pi}}$，图略。

【例4.10】 画出P_z轨道的角度分布图，已知P_z轨道波函数的角度分布Y_{pz}为$\sqrt{\dfrac{3}{4\pi}}\cos\theta$。

解：$Y_{pz} = \sqrt{\dfrac{3}{4\pi}}\cos\theta$

Y_{pz}随θ的变化而改变，在作图前先求出θ为某些角度时的Y_{pz}值，列于下表。

θ	0°	30°	60°	90°	120°	150°	180°
$\cos\theta$	1.00	0.87	0.50	0	−0.50	−0.87	−1.00
Y_{pz}	0.49	0.42	0.24	0	−0.24	−0.42	−0.49

然后如图4-5所示，从原点引出与轴成θ角的直线，令直线长度等于相应的Y_{pz}值，连接所有直线端点，再把所得到图形绕z轴转360°，所得空间曲

面即为P_z轨道角度分布。这样的图像应该是立体的，但一般是取剖面图。Y_{pz}图在z轴上出现极值，所以称为P_z轨道。此图形在xy平面上$Y_{pz}=0$，即角度分布值等于0，这样的平面叫节面。必须指出，图中节面上下的正负号仅表示Y值是正值还是负值，并不代表电荷。其他原子轨道角度分布图，也可由

各自数学函数式如$Y_{pz}=\sqrt{\dfrac{3}{4\pi}}\sin\theta\cos\theta$、$Y_{d_z^2}=\sqrt{\dfrac{5}{16\pi}}\left(3\cos^2\theta-1\right)$，用类似的方法作图。$Y_{pz}$原子轨道的角度分布如图4-4所示，$s$、$p$、$d$原子轨道的角度分布如图4-5所示。

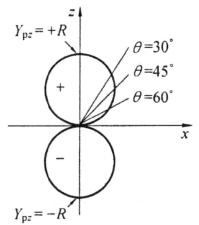

图4-4　Y_{pz}原子轨道角度分布示意图

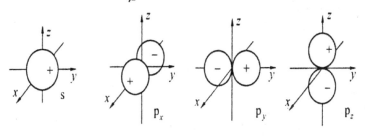

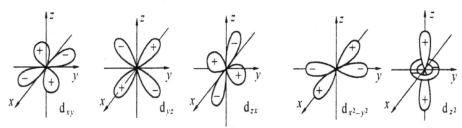

图4-5　s、p、d原子轨道的角度分布示意图

4.2.3 原子的电子结构与元素周期性的关系

周期系中各元素原子的核外电子排布情况是根据光谱实验得出的，元素在周期表中的位置和它们的电子层结构有直接关系，周期性源于基态原子的电子层结构随原子序数递增呈现的周期性。

周期系中各元素原子的电子排布，除极少数元素例外，其排列顺序是按照鲍林近似能级图填充的。该图是假定所有元素原子的能级高低次序是一样的，但事实上，原子轨道能级次序不是一成不变的。原子轨道的能量在很大程度上决定于原子序数，随着元素原子序数的增加，核对电子的吸引力增加，因而原子轨道的能量逐渐下降。

原子的电子结构与元素周期系关系密切。第一、二、三周期都是短周期，每一元素的外层电子结构分别为 $1s^{1-2}$、$2s^{1-2}\,2p^{1-6}$、$3s^{1-2}\,3p^{1-6}$；第四、五周期为长周期，元素的外层电子结构分别为 $4s^{1-2}\,3d^{1-10}\,4p^{1-6}$ 和 $5s^{1-2}\,4d^{1-10}$ 即 $5p^{1-6}$（其中各有 10 个过渡元素分别布满 3d 和 4d 亚层）；第六周期为含镧系元素的长周期，每一元素的外层电子结构分别为 $6s^{1-2}$、$5d^{1-10}6p^{1-6}$、$4f^{1-14}6s^2$（其中有 14 个镧系元素布满 4f 亚层，10 个过渡元素布满 5d 亚层）；第七周期是一个不完全周期，现只有 23 个元素，每一元素的外层电子结构分别为 $5f^{1-14}\,6d^{1-7}\,7s^{1-2}\cdots$（其中有 14 个锕系元素布满 5f 亚层）。从 103 号元素铹到 109 号元素䥑，新增电子依次填充 6d 亚层。第 110、111 和 112 号元素，德国科学家称已人工合成，但有待证实。

关于铹以后的人工合成元素（104~109）的命名，1997 年 8 月 27 日国际纯粹和应用化学协会（International Union of Pure and Applied Chemistry，简写IUPAC）在归纳原子的电子结构并比较它们和元素周期系关系时，可得出如下结论。

①原子序数

原子序数=核电荷数=核外电子总数

当原子的核电荷数依次增大时，原子的最外电子层经常重复着同样的电子构型，而元素性质的周期性的改变正是由于原子周期性地重复着最外层电子构型的结果。

②周期

原子的电子层数（主量子数n）=元素所处周期数

每一周期开始都出现一个新的电子层，因此原子的电子层数等于该元素在周期表所处的周期数，即原子的最外电子层的主量子数代表该元素所在的周期数。各周期中元素的数目等于相应能级组中原子轨道所能容纳的电子总数。

③族

主族元素族数=价电子数

周期系中元素的分族是原子的电子构型分类的结果，元素原子的价电子结构决定其在周期表中所处的族数。价电子是指原子参加化学反应时能够用于成键的电子。周期表中把性质相似的元素排成纵行，称为族，共有8个族（Ⅰ族～Ⅷ族）。每一族又分为主族（A族）和副族（B族）。由于ⅧB族包括3个纵行，所以共有18个纵行。

周期系中同一族元素的电子层数虽然不同，但它们的外层电子构型相同。对主族元素来说，族数等于最外层电子数。例如ⅤA族元素，它们最外层电子数都是5，最外层电子构型也相同为ns^2up^3，即

$$N \quad He \quad 2s^2 2p^3$$
$$P \quad Ne \quad 3s^2 3p^3$$
$$As \quad Ar \quad 3d^{10}4s^2 4p^3$$
$$Sb \quad Kr \quad 4d^{10}5s^2 5p^3$$
$$Bi \quad Xe \quad 4f^{14}5d^{10}6s^2 6p^3$$

对副族元素讲，次外层电子数在8到18之间的一些元素，其族数等于最外层电子数与次外层d电子数之和。例如ⅦB族，最外层电子数与次外层d电子数之和是7，外电子构型相同为$(n-1)d^5ns^2$，即

$$Mn \quad [Ar] \quad 3d^5 4s^2$$
$$Tc \quad [Kr] \quad 4d^5 5s^2$$
$$Re \quad [Xe] \quad 4f^{14}5d^5 6s^2$$

上述规则，对ⅧB不完全适用。

④区

根据电子排布的情况及元素原子的价电子构型，可以把周期表中的元素所在的位置划分成s、p、d、ds、f五个区。

s区元素指最后一个电子填在ns能级上的元素，位于周期表左侧，包括ⅠA（碱金属）和ⅡA（碱土金属）。它们易失去最外层一个或两个电子，形成+1或+2价正离子，属于活泼金属。

p区元素指最后一个电子填在np能级上的元素，位于周期表右侧，包括ⅢA～ⅦA及零族（ⅧA）元素。

d区元素指最后一个电子填在$(n-1)d$能级上的元素，位于周期表中部。这些元素性质相近，有可变氧化态。往往把d区元素进一步分为d区和ds区，d区的价电子构型为$(n-1)d^{1-8}ns^{1-2}$（有例外），ds区的价电子构型为$(n-1)d^{10}ns^{1-2}$（如ⅠB铜族和ⅡB锌族）。

f区元素指最后一个电子填在（n-2）f能级上的元素，即镧系、锕系元素（但镧和锕属d区），价电子构型为（n-2）f^{1-14}（n-1）$d^{0-2}ns^2$，该区元素特点是性质极为相似。

4.2.4化学键和分子间相互作用力

分子的性质除取决于分子的化学组成，还取决于分子的结构。分子的结构通常包括两方面的内容：一是分子中直接相邻的原子间的强相互作用力，即化学键。一般可分为离子键、共价键、金属键；二是分子中的原子在空间的排列，即空间构型。此外，相邻分子之间还存在一种较弱的相互作用，即分子间力或范德华力。气体分子凝聚成液体或固体，主要就靠这种作用力。分子间力对于物质的熔点、沸点、熔化热、气化热、溶解度以及粘度等物理性质起着重要的作用。原子间的键合作用以及化学键的破坏所引起的原子重新组合是最基本的化学现象。弄清化学键的性质和化学变化的规律不仅可以说明各类反应的本质，而且对化合物的合成起指导作用。这一节将在原子结构的基础上，讨论形成化学键的有关理论，认识分子构型，并对分子间的作用力进行的讨论。

1.离子键

（1）离子键理论

20世纪初，德国化学家柯塞尔（W.Kossel）根据稀有气体具有稳定结构的事实提出了离子键理论，他认为不同原子之间相互化合时（电负性小的金属原子和电负性较大的非金属原子），发生电子转移，形成正、负离子，达到稀有气体稳定状态的倾向，然后通过静电吸引形成化合物。

这种由原子间发生电子转移形成正、负离子，并通过静电引力作用形成的化学键称为离子键。通过离子键作用形成的化合物称为离子型化合物。

离子键的主要特征是没有方向性和饱和性。离子是带电体，它的电荷分布是球形对称的，可以在任何方向与带有相反电荷的离子相互吸引，且各方向吸引力一样，只要空间条件许可，一个离子可以同时和若干电荷相反的离子相吸引。当然，这并不意味着一个离子周围排列的相反电荷离子的数目是任意的。实际上，在离子晶体中，每个离子周围排列的电荷相反的离子的数目都是固定的。例如在NaCl晶体中，每个Na^+周围有6个Cl^-，每个Cl^-周围也有6个Na^+。

（2）离子的电子构型

简单负离子（如F^-、Cl^-、S^{2-}等）的外电子层都是稳定的稀有气体结构，因最外层有8个电子，故称为8电子稳定构型。但正离子的情况比较复杂，其电子构型如下：

①2电子构型——Li^+、Be^{2+}等；

②8电子构型——Na^+、Al^{3+}等；

③18电子构型——Ag^+、Hg^{2+}等；

④18+2电子构型——Sn^{2+}、Pb^{2+}等（次外层为18个电子，最外层为2个电子）；

⑤9 ~ 17电子构型——Fe^{2+}、Mn^{2+}等，又称为不饱和电子构型。

2.共价键

离子键理论说明离子型化合物的形成和特性，但不能说明H_2、O_2、N_2等由相同原子组成的分子的形成和特性。1916年，美国化学家路易（G.N.Lewis）认为分子的形成是原子间共享电子对的结果，以电子配对的概念提出了共价键理论。1927年，德国人海特勒（W.Heitler）和美籍德国人伦敦（F.London）首先用量子力学的薛定谔方程来研究最简单的氢分子，从而发展了价键理论。1931年美国化学家鲍林（L.Pauling）提出杂化轨道理论，圆满地解释了碳四面体结构的价键状态。20世纪30年代以后，美国化学家莫立根（R.S.Mulliken）和德国化学家洪特（F.Hund）提出分子轨道理论，着重研究分子中电子的运动规律，分子轨道理论在20世纪50年代取得重大成就，圆满地解释了氧分子的顺磁性、奇电子分子或离子的稳定存在等实验现象，因而分子轨道理论得到广泛应用。

（1）σ 键

两原子轨道沿键轴（成键原子核连线）方向进行同号重叠，所形成的键叫σ键。σ键原子轨道重叠部分对键轴呈圆柱形对称（沿键轴方向旋转任何角度，轨道的形状、大小、符号都不变，这种对称性称圆柱形），如H_2分子中的键s-s轨道重叠，HCl分子中的键$s-p_x$轨道重叠，Cl_2分子中的键p_x-p_x轨道重叠等都是σ键。

（2）π 键

两原子轨道沿键轴方向在键轴两侧平行同号重叠，所形成的键叫π键。π键原子轨道重叠部分对等地分布在包括键轴在内的对称平面上下两侧，呈镜面反对称（通过镜面，原子轨道的形状、大小相同，符号相反，这种对称性称镜面反对称）。因此，p_y-p_y、p_z-p_z轨道重叠形成的共价键都是π键。

共价单键一般是σ键。共价双键和叁键则包括σ键和π键。

（3）键能E

以能量标志化学键强弱的物理量称为键能。不同类型的化学键有不同的键能，如离子键能是晶格能，金属键能为内聚能等。本节讨论共价键的键能。

在298.15 K和100 kPa下（常温常压下），断裂1 mol键所需要的能量称为键能（E），单位为kJ·mol^{-1}。

对于双原子分子而言，在上述温度压力下，将1 mol理想气态分子离解为理想气态原子所需要的能量称离解能（D），离解能就是键能，例如

$$H_2(g) \longrightarrow 2H(g) \quad D_{H-H} = E_{H-H} = 436.00 \text{ KJ·mol}^{-1}$$
$$N_2(g) \longrightarrow 2N(g) \quad D_{N-N} = E_{N-N} = 941.69 \text{ KJ·mol}^{-1}$$

对于多原子分子，要断裂其中的键成为单个原子，需要多次离解，因此离解能不等于键能，而是多次离解能的平均值才等于键能，例如

$$CH_4(g) \rightarrow CH_3(g) + H(g) \quad D_1 = 435.34 \text{ KJ·mol}^{-1}$$
$$CH_3(g) \rightarrow CH_2(g) + H(g) \quad D_2 = 460.46 \text{ KJ·mol}^{-1}$$
$$CH_2(g) \rightarrow CH(g) + H(g) \quad D_3 = 426.97 \text{ KJ·mol}^{-1}$$
$$+ \quad CH(g) \rightarrow C(g) + H(g) \quad D_4 = 339.07 \text{ KJ·mol}^{-1}$$
$$\overline{\quad CH_4(g) \rightarrow C(g) + H(g) \quad D_4 = 339.07 \text{ KJ·mol}^{-1}}$$

$$E_{C-H} = D_{总} \div 4 = 1\ 661.84 \div 4 = 415.46 \text{ KJ·mol}^{-1}$$

通常共价键的键能指的是平均键能，一般键能越大，表明键越牢固，由该键构成的分子也就越稳定。

3.分子间力

化学键是决定物质化学性质的主要因素，但单就化学键的性质还不能说明物质的全部性质及其所处的状态。例如，在温度足够低时许多气体能凝聚为液体，甚至凝固为固体，这说明还存在着某种相互吸引的作用力，即分子间力。

（1）分子间力

分子间力又叫范德华力，一般包括下面三个部分。

①色散力。非极性分子在运动过程中电子云分布不是始终均匀的，每瞬间分子内带负电的部分（电子云）和带正电的部分（核）不时地发生相对位移，致使电子云在核的周围摇摆，分子发生瞬时变形极化，产生瞬时偶极。这种瞬时偶极之间的相互作用称为色散力。色散力的大小与分子的极化率有关，极化率∂越大，则分子间的色散力也越大。

②诱导力。当极性分子与非极性分子相邻时，非极性分子受极性分子的诱导而变形极化，产生诱导偶极，这种固有偶极与诱导偶极之间的相互作用称为诱导力，此力为1920年德拜提出，又称德拜力。诱导力的大小与分子的偶极矩及分子的极化率有关，极性分子偶极矩越大，极性与非极性

两种分子的极化率越大，则诱导力也越大。

③取向力。当极性分子与极性分子相邻时，极性分子的固有偶极间必然发生同极相斥，异极相吸，从而先取向，后变形，这种固有偶极与固有偶极间的相互作用称为取向力。此力在1912年由葛生所提出，又称葛生力。取向力大小与分子的偶极矩和极化率均有关，但主要取决于固有偶极，即分子的偶极矩越大，分子间的取向力越大。分子间力均为电性引力，它们既没有方向性也没有饱和性。

（2）分子间力对物质性质的影响

分子间力对物质物理性质的影响是多方面的。液态物质分子间力越大，气化热就越大，沸点也就越高；固态物质分子间力越大，熔化热就越大，熔点也就越高。一般而言，结构相似的同系列物质分子量越大，分子变形性也就越大，分子间力越强，物质的沸点、熔点也就越高。例如，稀有气体、卤素等，其沸点和熔点就是随着分子量的增大而升高的。

分子间力对液体的互溶性以及固、气态非电解质在液体中的溶解度也有一定影响。溶质和溶剂的分子间力越大，则在溶剂中的溶解度也越大。

另外，分子间力对分子型物质的硬度也有一定的影响。极性小的聚乙烯、聚异丁烯等物质，分子间力较小，硬度也小；含有极性基团的有机玻璃等物质，分子间力较大，硬度也大。

4.3 分子结构理论与分析

分子是构成物质的微小粒子，是能单独存在并保持物质原有物理化学性质的最小单元。也就是说，它们是参与化学反应的最基本单元，也决定了物质的物理化学性质。分子的性质由分子的内部结构所决定，因此探索分子结构对了解分子的性质以至于了解物质的性质具有极其重要的意义。分子是由原子按照一定的比例构成的。那么，原子为什么要结合成分子？原子又是如何结合成分子的呢？要解决这两个问题，就需要了解分子间化学键的本质和分子的几何构型。人们对分子结构的认识是一个逐渐深入的过程，从经典共价键理论发展到现代价键理论、杂化轨道理论、价层电子对互斥理论，再到分子轨道理论。

4.3.1价键理论

20世纪初，人们认识到稀有气体具有最稳定的 ns^2np^6（以及 He 原子的 $1s^2$）电子构型。1916 年，美国化学家路易斯（G.N.Lewis）据此结合大量实验事实对分子结构提出了新的观点，认为分子中的原子可以通过共用电子对的方式达到稀有气体稳定的电子构型，并称这种以共用电子对结合的原子间作用力为共价键。因此，后人称该理论为路易斯理论或经典共价键理论。

路易斯理论成功解释了由相同原子构成的分子结构或电负性差值较小的元素原子成键的事实。但是，由于路易斯理论是建立在早期人们对少数化学元素认知的基础上的，所以在解释由第二周期以外的元素原子形成的分子结构时适应性并不强。此外，路易斯理论也没能说明"为什么共用电子对能使原子结合成分子"的本质以及共价键本身存在的一些特性。

1927年，德国化学家海特勒（W.Heitler）和伦敦（F.London）首次成功地将量子力学的成果应用于分析分子结构，初步揭示了共价键的本质。之后，美国化学家鲍林（L.C.Pauling）等人对这一理论加以发展，建立了现代价键理论，进而对共价键的本质和一些特性有了更加深入的认识。

4.3.2共价键的形成与本质

海特勒和伦敦根据量子力学的基本原理来处理两个H原子结合成H_2分子的过程时，得出了H_2分子的能量（E）与两个H原子核之间的距离（R）之间的关系，如图4-6所示。

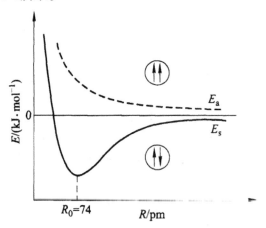

图4-6　分子形成过程E-R曲线图

当两个H原子相距很远时，它们之间基本上不存在相互作用力。若两个H原子相互靠近，当两原子中的1s单电子采取自旋相反的方式时，随着两核之间的距离逐渐减小，体系的能量逐渐降低。用量子力学原理分析这一过程：当两个H原子中的1s单电子自旋相反且相互靠近时，两个原子轨道 Φ。同号叠加，因此在两个原子核之间形成了一个电子云密度高的区域，这一负电区域的形成既减小了两原子核之间的正电排斥，又由于静电吸引分别抓牢了两个原子核，故此体系趋于稳定，能量降低。原子轨道重叠部分越大，体系能量越低。当两核间距减小至 R_0（理论值为87 pm，实验值为74 pm）时，体系能量达到最低，低于两个H原子单独存在时的能量。实验测知H原子的玻尔半径为53 pm，而 R_0 值小于两个H原子的玻尔半径，由此可见，H_2分子中两个原子的1s轨道确实发生了重叠。此时，H_2分子体系稳定，两个H原子间形成了共价键，这种状态称为H_2分子的基态。实验表明，此时体系能量下降的最高值与H_2分子的键能相接近。之后，两原子核间距若进一步减小，原子核间的排斥力迅速增大，导致体系能量又开始升高。

若两个H原子中的1s单电子采取自旋相同的方式，随着两原子逐渐靠近，两原子轨道 Φ。异号叠加，在两核间形成了一个电子云密度空白的区域，在该区域电子云密度稀疏，几乎为零。因此随着两原子的靠近，两核之间没有负电区域的吸引和抵消，只有正电排斥且越来越强烈，从而导致体系能量一直不断升高，且都高于两个H原子单独存在时的能量。此时体系不稳定，故不能成键，不能形成稳定的H_2分子，这种状态称为H_2分子的排斥态。

由H_2分子的形成过程可以得出共价键的本质：当两原子相互接近时，两个单电子自旋相反，原子轨道发生重叠，原子核间电子概率密度增大，从而吸引原子核，降低体系能量，形成稳定的共价键。

4.3.3价键理论的基本要点

鲍林等人将量子力学处理H_2分子的结果推广至其他双原子分子或多原子分子，发展成为现代价键理论（简称为VB法），或称为电子配对法。价键理论认为，共价键的形成需要满足以下几个条件：

①欲成键的两个原子都需要有至少一个成单电子，且以自旋相反的方式两两配对形成稳定的共价键，这与泡利不相容原理一致。若两原子各提供一个单电子，则形成共价单键；若两原子各提供两个或三个单电子，则两两配对形成共价双键或叁键。

②原子成键时，能量相近且对称性相同，即波函数 Φ 的符号（正或

负）相同的原子轨道必须发生最大限度的重叠。因为原子轨道重叠后能在键合原子之间形成电子云较密集的区域，进而降低体系能量，形成稳定的共价键。原子轨道重叠部分越大，体系能量越低，形成的共价键越牢固，分子越稳定。所以，成键时成键电子的原子轨道尽可能地发生最大限度的重叠，从而使得体系能量最低。

由上述成键条件决定了共价键具有以下特征：

①共价键具有饱和性。共价键的成键条件之一是成键原子需要提供至少一个成单电子，与另一个原子的成单电子以自旋相反的方式两两配对成键。因为每个原子能提供的成单电子数是一定的，所以能与其发生键合的成单电子数目也是一定的。也就是说，对于一个原子来说，成键的总数或能与其成键的原子数目是一定的。

②共价键具有方向性。共价键成键的另一个重要条件是成键的两个原子轨道需要发生最大限度的重叠，才能使得体系能量降到最低，形成稳定的共价键。原子轨道都有一定的形状和空间取向（s轨道的球形分布除外），所以只有沿着某些特定的方向才能达到最大限度的重叠，因此形成的共价键在空间具有一定的取向，即共价键的方向性。

③共价键的本质是电性的。从共价键的形成来看，共价键的本质其实也是电性的。但这有别于离子键中纯粹的正、负离子之间的静电作用力，共价键的结合力是两个原子核对共用电子对所形成的负电区域的吸引力。

4.3.4 共价键的类型

1. σ键和π键

当两个成键原子的原子轨道发生重叠时，由于原子轨道形状不同，重叠方式不同，从而可以形成不同类型的共价键，有σ键、π键、共轭体系中的大π键、有机金属化合物中的键、π酸配合物中的反馈键、硼烷中的多中心键等等。本小节只介绍σ键和π键这两种相对最为简单常见的共价键，大π键将在后面章节中介绍，其他类型的共价键请读者根据需要自行查阅，本书不作赘述。

（1）σ键

成键的两个原子核间的连线称为键轴。当两个原子轨道沿键轴方向按"头碰头"的方式发生同号重叠，所形成的共价键称为σ键。如图4-7所示，s-s、s-p、p-p、d-d等轨道重叠都能形成σ键。

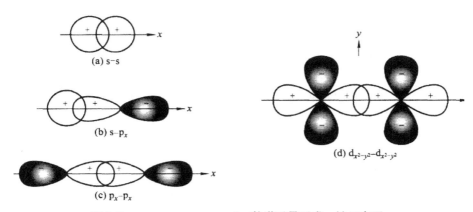

图4-7 s-s、s-p、p-p、d-d轨道重叠形成 σ 键示意图

由图 4-7 可见，对于 σ 键，键轴是成键原子轨道的对称轴，绕键轴旋转时成键原子轨道的图形和符号均不发生变化。σ 键中原子轨道能够发生最大限度的重叠，所以 σ 键具有键能大、稳定性高的特点。通常分子的骨架构型由 σ 键所决定。

（1）π键

当成键的两个原子轨道按"肩并肩"的方式发生重叠，所形成的共价键称为兀键。如图4-8所示，p-p、p-d、d-d等轨道重叠都能形成π键。

由图 4-8 可见，π 键中成键的原子轨道对通过键轴的一个节面呈反对称性，也就是成键轨道在该节面上下两部分图形一样，但符号相反。π 键中轨道重叠程度要比 σ 键中的重叠程度小，所以 π 键较 σ 键而言，键能低、稳定性差。然而也正因为此，π 键上的电子较为活跃，易发生化学反应。

由于原子轨道空间排布的原因，两原子间的成键，一般来说单键形成 σ 键，双键形成一个 σ 键和一个 π 键，叁键形成一个 σ 键和两个 π 键。由此可见，π 键一般不单独存在，总是和 σ 键一起形成双键或叁键。

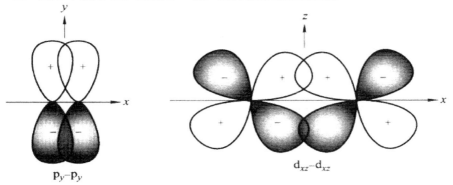

图4-8 p-p、d-d轨道重叠形成 π 键示意图

2.正常共价键和配位共价键

根据共价键中电子的来源不同，可以分为正常共价键和配位共价键。前面提到的 σ 键和 π 键两种共价键，共用电子对都是由成键的两个原子分别提供一个电子所组成的，都属于正常共价键。正常共价键形成配位键必须具备两个条件：①成键原子中，其中一个原子的价电子层有孤电子对；②另一个原子的价电子层有空轨道。

第 5 章
无机化学的分析理论与方法研究

5.1 关于分析化学

5.1.1分析化学的任务方法发展趋势

1.分析化学的任务

分析化学是研究分析方法的科学或学科，是一门人们赖以获得物质化学组成、结构和形态信息的科学，是科学技术的眼睛、尖兵、侦察员，是进行科学研究的基础学科，是研究物质及其变化的重要方法之一。分析化学是化学学科的一个重要分支，它的任务是鉴定物质的化学结构、测定它的化学组成及这些组成的相对含量。

分析化学包括的范围很广，一个完整具体的分析方法包括测定方法和测定对象两部分，没有分析对象，就谈不到分析方法，对象与方法存在分析化学或者分析科学的各个方面。化学学科的各个分支——无机化学、结构化学、有机化学、高分子化学、物理化学以及生物学、医药学、材料科学、考古学、地质学、天文学、海洋学等，常常要运用各种分析手段解决科研中的问题。在经济建设中，分析化学的任务就更加重要，如在农业生产方面，对于土壤的性质，灌溉用水、化肥、农药以及农作物生产过程中的研究，需要用到分析化学；在工业方面，原材料中间产品、成品、副产品的质量控制也需要用到分析化学的紧密配合；在医药学方面，新型药物的研制，病理分析等也离不开分析化学；在环境保护方面，空气质量的预报、生活用水的监测，"三废"的处理及综合利用等，也要依靠分析化学。

分析化学是高等院校有关专业的一门专业基础课程。通过本课程学习，要求学生掌握分析化学的基本原理和分析化学的基本操作，把在无机化学、有机化学、物理化学中学过的理论知识运用到分析化学中去。掌握近代仪器分析的原理，对近代常用仪器构造有所了解，具有分析问题和解决问题的能力。

分析化学是一门实践性特强的学科。学生既要学好分析化学中的基本原理，又要高度重视实验课的学习，培养自己的动手能力，用理论知识指导实践，在实践中消化理论。对于分析化学的每一基本操作，都必须严格要求，一丝不苟，按照规范执行。注意培养学生严谨的科学态度，开展分析化学工作，实事求是，绝对不允许弄虚作假，努力培养学生分析问题和解决问题的能力，为学生今后更好的工作打下良好的基础。

2.分析化学的发展趋势

分析化学曾是研究化学的开路先锋，它对元素的发现，原子量的测定，定比定律、倍比定律等化学基本定律的确立，曾做出杰出的贡献。但直到19世纪末，人们还认为分析化学尚无独立的理论体系，只能是分析技术。

第一次变革发生在20世纪初，由于物理化学中溶液理论的发展，用物理化学中的溶液平衡理论、动力学等研究分析化学中的基本理论问题：沉淀的形成和共沉淀；指示剂变色原理；滴定曲线和终点误差；缓冲原理及催化和诱导反应等，结合分析化学的需要，建立了酸碱、配位、沉淀、氧化还原四大平衡理论，为分析技术提供了理论基础，对分析反应过程中各种平衡的状态，各成份浓度的变化和发生反应的完全程度有较高的可预见性，使分析化学由一门技术逐渐被承认为一门科学。

第二次变革发生在20世纪后期，随着计算机应用技术的飞速发展，为分析化学提供了高灵敏性、高选择性、高速化、自动化，智能化等新的手段。计算机的快速更新，将先进的计算机与分析仪器联用，使分析仪器进入过去传统分析技术无法涉及的许多领域。化学计量学的迅速兴起，现代分析化学把化学与数学、物理学、计算机科学、精密仪器制造、生命科学、材料科学等学科结合起来，分析化学已由单纯提供数据上升到从分析数据获取更多有用的信息的一门多学科性的综合科学。

进入新的世纪，分析化学又将发生巨大变化，材料科学、环境科学、生命科学等综合性科学的发展，给分析化学提出各种各样的问题，需要分析化学能提供更全面的信息，如物质的微区表面分布及逐层分析、基因排序分析、示踪元素追踪分析、在线过程分析、物质的无损分析等。总之，分析化学像其他科学一样，能广泛地吸取当代科学技术的最新成就，发展和丰富其本身的内容，成为当代富有活力的学科之一。

5.1.2定量分析的一般程序和误差

1.定量分析的一般程序

定量分析包括试样的采取和制备、试样的预处理、测定方法的选择和测定数据的处理这四个步骤。每一个步骤都会产生误差，所以分析工作掌握定量分析的一般程序和产生误差的原因及控制误差的方法。

（1）试样的采取和制备

试样的采取和制备应保证分析试样的组成能代表整批物料的平均组成，即分析试样应有代表性。分析实验中所称取的试样通常只有零点几克到几克，但在实际工作中，要根据少量试样的分析结果，来判断产品的质量是否合格，或矿产资源是否可以开采利用等，这就要求试样的采取和制备应保证分析试样的组成能代表整批物料的平均组成，即分析试样应有代表性。制备有代表性的试样与分析结果的准确性同等重要。所以，面对种类繁多的各种样品，首先应按照一定的程序和方法采取和制备分析试样。通常是从物料的不同部位合理采取有代表性的一小部分试样，称为原始平均试样，然后将原始平均试样经过破碎、过筛及缩分等工序后，得到分析试样。

根据经验，平均试样的采取量与试样的均匀度、粒度、易破碎程度有关，可按照切乔特采样公式估算，即

$$Q=Kd^2$$

式中，Q 为采取平均试样的最小质量，kg；d 为试样中最大颗粒的直径，mm；K 表征物料特性的缩分系数，物料均匀性好，一般取 $0.1 \sim 0.3$，物料均匀度差，一般取 $0.7 \sim 1.0$。

（2）试样的预处理

在一般分析工作中，除干法分析（如发射光谱分析、差热分析）外，通常要对试样预处理，即将试样制成适合分析要求的溶液，把待测组分转变为适合的测定形态。

在无机物分析中，将试样分解转变成溶液即试液通常有湿法和干法两种方法。在分解试样时，总希望尽量少引入盐类，以免给以后操作带来干扰，故分解试样尽可能采用湿法。

①湿法

湿法是分解无机物试样最常用的方法，它用水、酸溶液、碱溶液或其他物质溶液分解试样。在湿法中选择溶剂的原则为：能溶于水先用水溶解，不溶于水的酸性物质用碱性溶剂，碱性物质用酸性溶剂，还原性物质用氧化性溶剂，氧化性物质用还原性溶剂。

②干法

干法是用固体碱性或酸性物质与试样熔融或烧结，使试样分解，然后用水等物质浸取熔块而制备成溶液。不溶于酸的试样一般采用熔融法分解。熔融法是利用酸性或碱性溶剂与试样在高温下进行复分解反应，使欲测组分转变为可溶于水或溶于酸的化合物。熔融法的溶解能力很强，但熔融时要加入大量溶剂（一般为试样的 $6 \sim 12$ 倍），故将带入溶剂本身的离子和其中的杂质。熔融时坩埚材料的腐蚀，也会引入杂质。因此，如果试样的大部分组分可溶于酸，则先用酸使试样的大部分溶解，将不溶于酸的部分过滤，然后再用较少量的溶剂进行熔融，将熔融物所得溶液与溶于酸的溶液合并，制成分析试液。烧结法又称半熔法，它是在低于熔点的温度

下，使试样与溶剂发生反应。和熔融法比较，烧结法的温度较低，加热时间较长，但不易损坏坩埚。

在有机物分析中，一般需要将有机试样先进行分解，在分解过程中，待测元素应能定量回收并转变为易于测定的某一价态。同时，要避免引入干扰物质。有机物的分解，通常采用干式灰化或湿式消化的方法。

干式灰化法是将试样置于马弗炉中加高温分解，以大气中的氧作为氧化剂，有机物燃烧留下无机残余物，一般加入少量浓盐酸或热的浓硝酸浸取残余物，然后定量地转移到玻璃容器，再按照分析的要求，进一步制备成分析溶液。干法灰化法的另一种形式是低温灰化法。它采用射频放电产生活性氧游离基，这种游离基的活性很强，能在低温下破坏有机物质。由于低温灰化法一般保持温度低于100℃，这样可以最大限度地减少挥发损失。

湿式消化法是用硝酸或硫酸混合物与试样一起置于克氏烧瓶内，在一定温度下进行煮解，其中硝酸能破坏大部分有机物。在煮解过程中，硝酸被挥发，最后剩余硫酸，开始冒出的三氧化硫白烟在烧瓶内进行回流，直到溶液变为透明为止。在消化过程中，酸将有机物质氧化为二氧化碳、水及其他挥发性产物，留下无机成分，制得分析试液。

（3）测定方法的选择

分析试样经过预处理后，接下来的任务是选择适当的分析方法以满足分析任务的要求。选择什么分析方法应具体情况具体对待，一般原则有以下几方面。

①根据测定任务的具体要求

测定的组分、测定的准确度及完成测定任务的速度等。一般对标准物质和成品分析，准确度要求很高，应用不同的分析方法对分析试样进行检测，而分析方法大多选用标准方法或经典方法。微量或痕量成分分析（如环境样品）的灵敏度要求较高，通常选用仪器分析法；中间控制分析等分析样品的测定，要求快速简便，迅速能提供分析结果，这种分析往往准确度和灵敏度要求不高，所以一般宜选择快速分析法，如滴定分析法。

②待测组分的含量范围

常量组分多采用滴定分析法和重量分析法，它们的相对误差一般为千分之几。由于滴定分析法快速，所以当两种分析方法都可使用时，首先应选择滴定分析法，对于微量组分的分析测定，应选用光谱法、色谱法等灵敏度较高的仪器分析法；对痕量组分，因为一般的分析方法的检测限已超过了待测组分的含量，所以应该先进行富集处理，然后再选用如仪器分析法等高灵敏度的分析方法。

③分析试样的性质和基体的组成

选择分析方法之前，一定要了解待测组分的性质和分析试样基体的组成，不同的待测组分和试样基体应选择不同的分析方法。如要分析钠离子试样，由于钠离子的络合物一般都很不稳定，大部分盐类的溶解度较大，又不具有氧化还原性质，故通常不能选择滴定分析法和质量分析法，但钠离子能发射或吸收一定波长的特征谱线。因此，火焰光度法是较好的测定方法。又如黄铜中铜含量的分析，若采用碘量法，则干扰较多，尤其是 Fe，但若选用原子吸收分光光度法，则铁、锌等的干扰均可消除。再如环境水样品中的阴离子含量的分析，应首选离子色谱法，环境样品中有机物（农药残留量）的测定，应选择气相色谱法。

④实验分析室的现状

选择的方法应为实验室有条件或能够开展的方法。例如，目前测量环境水中阴离子较好的方法是离子色谱法，但如果实验室没有离子色谱仪，那就只能选择光度法等其他方法了。但是，如果实验室现有的设备条件实在不能满足分析要求时，可以将样品送往其他实验室。同时，还应考虑分析人员的分析水平，如分析低含量的钙时，可用电感耦合等离子发射光谱仪，但如实验室的人员对电感耦合等离子发射光谱仪都很陌生或不太熟悉，那么就选取其他的方法。

方法一旦选择，应先用与分析试样组成相近的标准样品试做，看看方法的准确度和精密度是否符合要求，只有符合要求，才可以用于样品分析。分析试样，要做标准样品（又称管理样品）和空白样品，用以监控分析的质量。

（4）数据处理

样品经过分析测试得出一系列数据，处理这些数据，计算测试结果可能达到的准确范围。一般先将这些数据加以整理，剔除明显不正确的数据，然后根据统计学数据处理的规则决定取舍，再计算出数据的平均值，各组数据对平均值的偏差、平均偏差、标准偏差，然后再求出平均值的置信区间，得到分析结果。下面将详细地介绍如何处理分析数据。

2.误差

在实际工作中，由于分析方法、测量仪器、试剂和分析工作者的主观因素，结果与实际值不完全一致。即使是最可靠的分析方法，最精密的仪器，也会由熟练的分析师来测量，结果将不会是一样的。这表明在确定过程的分析中，误差是客观的。为了减少误差，我们应该理解测量过程中误差原因的分析，通过数据分析、选择和一系列的处理，确定结果尽可能接近客观真值。根据误差的原因和性质，误差可分为系统误差、意外误差和粗大误差三大类。

统计学上，把一定几率下真值的这一取值范围称为置信区间，其几率称为置信度。置信度实际上就是人们对所做判断有把握的程度。一般来说，置信度越高，置信区间就越宽，相应判断失误的机会就越小。但置信度过高，往往会因为置信区间过宽而导致实用价值不大。例如，对于"某一铁矿石质量分数在0%～100%"这一推断来说，该判断完全正确，置信度为100%，但因置信区间过宽，结果没有实际用处。作为判断时，置信度高低应定得合适。既要使置信区间宽度足够小，又要使置信度很高。通常若判断有90%或95%的把握，就可以认为该判断基本正确。在分析化学中做统计推断时，通常取95%的置信度。

3.提高分析结果准确度的方法

要得到精密而又可靠的分析结果，涉及许多因素。在操作、读数、记录及计算等各环节不发生差错，即绝对避免发生过失误差，下面结合实际情况，简要讨论如何减小分析过程中的误差。

（1）选择合适的分析方法

质量法和滴定法测定的准确度高，相对误差一般为千分之几，但灵敏度低，对于低含量、微量或痕量组分的测定，常常测不出来，一般适用于质量分数在1%以上的常量组分的测定。而仪器分析法测定虽然灵敏度高，但准确度较差。如果用它测量常量组分，结果并不十分可靠，但对微量或痕量组分的测量，尽管相对误差较大，但因绝对误差不大，也能符合准确度的要求。因此这种方法适用于微量（质量分数0.01%～1%）和痕量（质量分数<0.01%组分）的测定。

例如，对质量分数含量为40.20%试样中铁的测定，采用准确度高的质量法和滴定法测定，若方法的相对误差为2‰，则质量分数铁含量范围是40.12%～40.28%。而同一试样若采用仪器分析法如光度测定，由于方法的相对误差约为20‰，则测得的质量分数铁含量范围是39.49%～40.00%之间，相比之下误差就大得多。选择分析方法还要考虑与被测组分共存的其他物质干扰问题。总之，必须综合考虑分析对象、样品情况及分析结果要求等因素选择合适的分析方法。

（2）消除系统误差

在实际工作中，有时会有这样的情况，几次平行测定结果的精密度很好，但用其他可靠的方法一检查，就会发现分析结果有严重的系统误差，因此在分析测定工作中必须重视系统误差的消除。可以根据具体情况，采用不同的方法来检验和消除系统误差的大小：①对照试验；②空白试验；③校准仪器。

（3）减小测量误差

为了保证分析结果的准确度，必须尽量减小误差。在重量分析中，一般的分析天平的称量误差为±0.0001 g，用减量法称两次，可能引起的最大误差是±0.0002 g，为了使称量的相对误差小于0.1%，试样的质量就不能太小，应大于0.2 g。在滴定分析中，滴定管读数有±0.01 mL的误差，在一次滴定中，需要读数两次，可能造成的最大误差是±0.02 mL，为了使测量体积的相对误差小于0.1%，消耗滴定剂必须在20 mL以上，一般在滴定分析中，消耗的滴定剂体积通常控制在20～40 mL范围内。

值得注意的是，不同的测定分析中，对准确度的要求也不同，因此应根据具体要求，使测量的准确度与方法的准确度相对应。

（4）减小偶然误差

增加测定次数可以减小偶然误差，但测定次数大于10次时，偶然误差的减小已不明显。在一般分析测定中，平行作3～5次测定即可。过分地增多重复测定次数，会增加很多工作量，但对分析结果的可靠性并无很大益处。

4.分析化学中的分析数据的处理

定量分析得到的一系列测量值或数据，必须运用统计方法加以归纳取舍，以所得结果的可靠程度做出合理地判断并予以正确表达。然而运用统计方法处理数据，只是针对偶然误差分布规律，估计该误差对分析结果的影响的大小，并较为正确的表达和评价所得结果。因此，在最后处理分析数据时，一般都需要在校正系统误差和去除错误测定结果后进行统计处理，即进行数据整理，首先去除明显错误的数据，然后对一些精密度不太高的可疑数据，可用 Q 检验法或格布斯检验法决定取舍，计算数据的平均值、平均偏差与标准偏差，并按照所要求的置信度，求出平均值的置信区间。

（1）误差的正态分布

无限次测定结果的偶然误差服从正态分布规律，所谓正态分布就是高斯分布。它的数学表达式为

$$y = f(x) = \frac{1}{\sigma\sqrt{2\pi}} e^{\frac{(x-\mu)^2}{2\sigma^2}}$$

上式中，y表示几率密度，μ表示测量值以为总体平均值，即无限次测定数据的平均值，相应于曲线最高点的横坐标值。在没有系统误差时，它就是真值。σ为标准偏差，它就是总体平均值到曲线拐点时的距离。$x-\mu$表示随机误差，若以$x-\mu$作横坐标，则曲线最高点对应的横坐标为零，这时曲线成为随机误差的正态分布曲线。

正态分布曲线（图5-1（a）和图（b）），它表明无限多次测定结果的分布，统计学上称为样本总体情况。

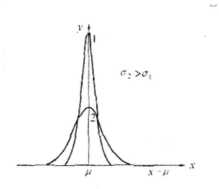
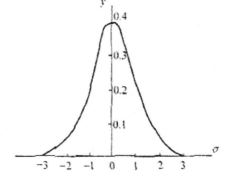

（a）真值相同精密度不同的两类测定　　　　（b）标准正态分布曲线

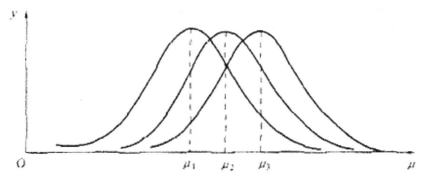

（c）精密度相同真值不同三个系列测定的正态分布曲线

图5-1　正态分布曲线图

由图可以看出：

①$x=\mu$ 时，y 值最大，此即分布曲线的最高点。这一现象体现了测量值的集中趋势。这就是说，大多数测量值集中在算术平均值的附近；或者说，算术平均值是最可信赖值或最佳值，它能很好地反映测量值的集中趋势。

②曲线以$x=\mu$这一直线为其对称轴。这一情况说明正误差和负误差出现的几率相等。

③当x趋向于$-\infty$和$+\infty$时，曲线以x轴为渐近线。这一情况说明小误差出现的几率大，大误差出现的几率小，出现很大误差的几率极小，趋近于零。根据此分布规律可知，随着测定次数的增加，偶然误差的算术平均值将逐渐接近于零。另外，实验证明，在测定次数较少时，分析结果的偶然误差的减小就不明显。因此在实际工作中，平行测定3～5次至多10次就已足够了。

根据式子，得到$x=\mu$时的几率密度为

$$y_{(x=\mu)} = \frac{1}{\sigma\sqrt{2\pi}}$$

几率密度乘上dx，就是测量值落在该dx范围内的几率。由上式可见，σ越大，测量值落在μ的附近的几率越小。这意味着测量时的精密度越差时，测量值的分布就越分散，正态分布曲线也就越平坦。反之，σ越小，测量值的分散程度就越小，正态分布曲线也就越尖锐。

μ和σ，前者反映测量值分布的集中趋势，后者反映测量值分布的分散程度，它们是正态分布的两个基本参数，一旦确定之后，正态分布就被完全确定，这种正态分布以$N(\mu, \sigma^2)$表示。$N(\mu, \sigma^2)$分布曲线有两个参数，它随着μ和σ的改变而改变。通过变量代换，可将任一正态分布化为同一分布——标准正态分布。

将参数$\mu=0$，$\sigma^2=1$的正态分布称为标准正态分布，以$N(0, 1)$表示。这一变换就是将正态分布曲线的横坐标改用u来表示，定义u为

$$u = \frac{x-u}{\sigma}$$

将上式变为

$$y = f(x) = \frac{1}{\sigma\sqrt{2\pi}}e^{-\frac{\mu^2}{2}}$$

从而得到

$$d\mu = \frac{dx}{\sigma}$$

则

$$f(x)dx = \frac{1}{\sqrt{2\pi}}e^{-\frac{\mu^2}{2}}d\mu = \phi(\mu)d\mu$$

故

$$y = \phi(\mu) = \frac{1}{\sqrt{2\pi}}e^{-\frac{\mu^2}{2}}$$

标准正态分布曲线就是以总体平均值μ为原点，以σ为横坐标的曲线，它对于同一μ及σ的任何测量都是适用的。

正态分布曲线与横坐标$-\infty$到$+\infty$之间所夹的总面积，代表所有数据出现几率的总和，其值应为1，即几率P为

$$P = \int_{-\infty}^{+\infty} f(x)dx = \int_{-\infty}^{+\infty} \frac{1}{\sigma\sqrt{2\pi}}e^{\frac{-(x-\mu)^2}{2\sigma^2}}d\mu = 1$$

任一偶然误差在某一区间出现的几率，可由几率密度函数$f(x)$在该区间

的定积分求得。但上述正态分布函数有两个参数，使用起来很不方便，变换为标准正态分布后，取不同的数值对式 $d\mu = \dfrac{dx}{\sigma}$ 进行定积分，所得的面积即为偶然误差在该区间出现的几率。标准正态分布几率积分表就是这样制出来的，由于积分上下限不同，为了区别，在表的上方一般绘图说明表中所列是什么区间的几率。

（2）有限次数测量误差的分布规律

正态分布是无限次测量的分布规律，而在分析测试中，通常都是进行有限次数的测量，数据量有限，只能求出样本平均值 $\overline{x}$ 与样本标准偏差S，而求不出总体标准偏差σ，只能用S代替σ来估算测量数据的分布情况。用S代替σ必然引起对正态分布的偏离，这时可用t分布来处理。t分布是英国统计学家兼化学家Cosset提出来的，定义为

$$t = \frac{\overline{x} - \mu}{S}\sqrt{n}$$

式中，t为在选定某一置信度下的几率系数，是与置信度和自由度（$f = n-1$）有关的统计量，称为置信因子。

以t为横坐标，以相应的几率密度为纵坐标，作t分布曲线。

t分布曲线与正态分布曲线相似，只是因为测定次数较少，数据分散程度较大，其曲线形状较正态分布曲线低。t分布曲线随自由度f而改变。当f趋近∞时，t分布曲线就趋近正态分布曲线。与正态分布一样，t分布曲线下面一定范围内的面积，就是该范围内的测定值出现的几率。应该注意，对于正态分布曲线，只要 $\dfrac{x - \mu}{\sigma}$ 的值一定，相应的几率也就一定。但对于t分布曲线，当t一定时，由于f值的不同，相应的曲线所包括的面积即几率也就不同。不同的f值及几率相应的t值不同。其中置信度用P表示，显著性水平用α表示。由于t值与自由度及置信度有关，故引用时，常用注脚说明，一般表示为t_a、f。

所谓置信度就是指误差在某个范围内出现的几率，也称为置信几率。在此范围之外的几率为（$1-P$），称为显著性水平。在一定置信度下，误差或测定值出现的区间称为置信区间或置信范围。具体可表现为

$$\mu = x \pm u\sigma$$

式中，（$x \pm u\sigma$）为置信区间，在实际工作中，只能对试样进行有限次测定，求得样本平均值，以此来估计总体平均值的范围，它可由下式

$$P=\int_{-\infty}^{+\infty}f(x)\mathrm{d}x=\int_{-\infty}^{+\infty}\frac{1}{\sigma\sqrt{2\pi}}\mathrm{e}^{\frac{-(x-\mu)^2}{2\sigma^2}}\mathrm{d}\mu=1$$

求得

$$\mu=x\pm\frac{tS}{\sqrt{n}}$$

式中，$\mu=x\pm\dfrac{tS}{\sqrt{n}}$ 为样本平均值的置信区间，一般称为平均值的置信区间。

5.可疑值的取舍

（1）Q检验法

当测量数据不多（$n<10$）时，采用Q检验法比较方便。Q值定义为

$$Q=\frac{|被检验数据-相邻的数据|}{最大值-最小值}$$

具体检验方法是：

①将各数据按递增顺序排列x_1，x_2，$\cdots$，x_{n-1}，x_n。通常考虑x_1或x_n为可疑值。

②计算最大值（x_1）与最小值（x_n）之差。

③计算可疑值$x_{可疑}$与其相邻值$x_{相邻}$之差。

④按上式计算Q值，即

$$Q=\frac{|x_{可疑}-x_{相邻}|}{x_n-x_1}$$

⑤根据测定次数n和要求的置信度（如95%）从而得到$Q_表$值。若计算的$Q>Q_表$，则该可疑值应予舍去，否则应予保留。

【例5.1】测定环境水中NO_2^-的含量，所得结果如下：7.590×10^{-2}、7.534×10^{-2}、7.056×10^{-2}、6.732×10^{-2}、7.596×10^{-2}mg/mL，试问6.732×10^{-2}mg/mL这个数是否应当保留（置信度为95%）？

解：

$$Q=\left|\frac{6.732\times10^{-2}-7.056\times10^{-2}}{6.732\times10^{-2}}\right|=0.48$$

其置信度为95%，$n=5$，$Q_表=0.73$，$Q<Q_表$，故6.732×10^{-2}这个数应当保留。

（2）格布斯法

有一组数据，从小到大排列为x_1，x_2，$\cdots$，x_{n-1}，x_n，其中x_1或x_n可能是异常值，需要首先进行判断，决定其取舍。

用格布斯法判断异常值时，首先计算出该组数据的平均值及标准差，再根据统计量T进行判断。统计量T与异常值、平均值及标准偏差有关。

设x_1是可疑的，则

$$T=\frac{\overline{x}-x_1}{S}$$

设x_n是可疑的，则

$$T=\frac{x_n-\overline{x}}{S}$$

如果T值很大，说明异常值与平均值相差很大，有可能要舍去。T值要多大才能确定该异常值应舍去呢？这要看我们对置信度的要求如何。统计学家们为我们制定了临界T_a、n值表，可供查阅。如果$T>T_a$，则异常值应舍去，否则应保留。a为显著性水平，n为实验数据数目。

格布斯法最大的优点，是在判断异常值的过程中，将正态分布中的两个最重要的样本参数$\overline{x}$及S引入进来，故方法的准确性较好。但这种方法的缺点是需要计算$\overline{x}$及S，步骤稍麻烦。

【例5.2】测定某物体废弃物中铜的含量，得结果如下：1.25、1.27、1.31、1.40。试问1.40这个数据应否保留？

解：

$$\overline{x}=1.31$$
$$S=0.066$$

$$T=\frac{x_n-\overline{x}}{S}=\frac{1.40-1.31}{0.066}=1.36$$

$T_{0.05,4}=1.46$，$T<T_{0.05,4}$，故1.40这个数据应该保留。

6.显著性检验

（1）t检验法

①平均值与标准值的比较

在实际工作中，为了检查分析方法或操作过程是否存在较大的系统误差，可对标准试样进行若干次分析，再利用t检验的方法比较分析结果的平均值与标准试样的标准值之间是否存在显著性差异，就可做出判断。

在一定置信度时，平均值的置信区间为

$$\mu=\overline{x}\pm\frac{tS}{\sqrt{n}}$$

进行t检验时，通常不要求计算其置信区间，而是先计算出t值，即

$$t=\frac{\overline{x}-\mu}{S}\sqrt{n}$$

检验两个分析结果是否存在显著性差异时，用双侧检验。即t值大于t_{af}值，则两个分析结果存在显著性差异，否则不存在显著性差异。在分析

化学中，通常以95%的置信度为检验标准，即双侧检验时显著性水平为$a=0.05$。

②两组平均值$\bar{x}_1$与$\bar{x}_2$的比较

不同分析人员或同一分析人员采用不同方法分析同一试样，所得到的平均值，一般是不相等的，现在要判断这两组数据之间是否存在系统误差，即两平均值之间是否有显著性差异。对于这样的问题，也可用t检验法。

设有两组分析数据为：

$$n_1 \quad S_1 \quad \bar{x}_1$$
$$n_2 \quad S_2 \quad \bar{x}_2$$

S_1和S_2分别表示第一组和第二组分析数据的精密度，它们之间是否有显著性差异，可采用后面介绍的F检验法进行判断。如果证明它们之间没有显著性差异，则可认为$S_1 \approx S_2 \approx S$，而$S$根据这两组分析的所有数据，由此求出

$$S = \sqrt{\frac{\sum\left(x_{1i} - \bar{x}_1\right)^2 + \sum\left(x_{2i} - \bar{x}_2\right)^2}{\left(n_1 - 1\right) + \left(n_2 - 1\right)}}$$

式中，S为合并标准偏差，总自由度$f = n_1 + n_2 - 2$。

若已知两组数据的标准偏差S_1和S_2，也可用下式计算合并标准偏差。即

$$S = \sqrt{\frac{S_1^2\left(n_1 - 1\right) + S_2^2\left(n_2 - 1\right)}{\left(n_1 - 1\right) + \left(n_2 - 1\right)}}$$

为了判断两组平均值$\bar{x}_1$与$\bar{x}_2$之间是否存在显著差异，必须推导出两个平均值之差的t值，设两组数据的真值为μ_1和μ_2，则有

$$\mu_1 = \bar{x} \pm tS / \sqrt{n_1}$$

$$\mu_2 = \bar{x} \pm tS / \sqrt{n_2}$$

若两组数据无显著差异，则可认为来自同一总体，即$\mu_1 = \mu_2$。故

$$\bar{x} \pm tS / \sqrt{n_1} = \bar{x}_2 \pm tS / \sqrt{n_2}$$

$$\bar{x}_1 - \bar{x}_2 = \pm tS \sqrt{\frac{n_1 + n_2}{n_1 n_2}}$$

故

$$t = \frac{\bar{x}_1 - \bar{x}_2}{S} \sqrt{\frac{n_1 n_2}{n_1 + n_2}}$$

很明显，当$t_1 > t_表$时，可以认为$\mu_1 \neq \mu_2$，两组数据不属于同一总体，即它们之间存在显著差异；反之，当$t_1 \leqslant t_表$时，可以认为$\mu_1 = \mu_2$，两组数据属于同一总体，即它们之间不存在显著差异。

（2）F检验法

F检验法主要通过比较两组数据的方差S^2，以确定它们的精密度是否有显著性差异。至于两组数据之间是否存在系统误差，则在进行F检验并确定它们的精密度没有显著性差异之后，再进行t检验。

已知样本标准偏差S为

$$S = \sqrt{\frac{\sum(x - \bar{x})^2}{n-1}}$$

故样本方差S^2为

$$S = \frac{\sum(x - \bar{x})^2}{n-1}$$

F检验法的步骤很简单。首先计算出两个样本的方差，分别为$S_大^2$和$S_小^2$，它们相应地代表方差较大和较小的那组数据的方差。然后计算F值，即

$$F = \frac{S_大^2}{S_小^2}$$

计算时，规定$S_大^2$和$S_小^2$分别为分子和分母。很明显，如果两组数据的精密度相差不大，则$S_大^2$和$S_小^2$也相差不大，F值趋近1。相反，如果两者之间存在显著性差异，则$S_大^2$和$S_小^2$就相差很大，相除的结果，F值一定很大。在一定的置信度及自由度的情况下，如果F值大于所相应的F值，那么认为它们之间存在显著性差异（置信度95%），否则不存在显著性差异。注意表中列出的F值是单边值，引用时宜加以注意。

7.相关性检验

分析化学中，经常要研究测量的信号y与浓度x之间的关系，最常用的直观方法是把它们画在直角坐标纸上，x，y各占一个坐标，每个数据在图上对应于一个点。如果各点的排布接近一条直线，表明x和y线性关系好，如果各点排布不是很靠近一条直线，表明x和y的线性关系虽然不好，但可能存在某种非线性关系，如果各点排布得杂乱无章，表明相关性极小。

（1）相关系数

相关系数能反映x、y两个变量间的密切程度，为了定量地描述两个变量间的相关性，在统计学中作如下定义，若两个变量x，y的n次测量值为(x_1, y_1)，$(x_2, y_2) \cdots (x_n, y_n)$，则相关系数为

$$r = \frac{\sum_{i=1}^{n}(x_i - \bar{x})(y_i - \bar{y})}{\sqrt{\sum_{i=1}^{n}(x_i - \bar{x})^2 \cdot \sum_{i=1}^{n}(y_i - \bar{y})^2}}$$

或

$$r = \frac{n\sum x_i y_i - \sum x_i \sum y_i}{\left[\sqrt{n\sum x_i^2 - \left(\sum x_i\right)^2}\right] \times \left[\sqrt{n\sum y_i^2 - \left(\sum y_i\right)^2}\right]}$$

相关系数 r 是介于 0 到 ±1 之间的相对数值，即 $0 \leqslant |r| \leqslant 1$，当 $|r| = 1$ 时，表示 (x_1, y_1)，$(x_2, y_2)\cdots(x_n, y_n)$ 在一条直线上；当 $r=0$ 时，表示 (x_1, y_1)，$(x_2, y_2)\cdots(x_n, y_n)$ 等所对应的点杂乱无章或处在同一曲线上。实验中绝大多数情况是 $|r| < 1$。

（2）相关系数检验

判断变量 x、y 是否存在线性关系是相对的。不同置信度及自由度时的相关系数，用以检验线性关系。如果计算出的相关系数大于表上数值，就认为 x、y 之间存在着相关性，即相关显著。相反，如果计算出的相关系数小于表上数值，就认为 x、y 之间不存在着相关性，即相关不显著。

5.2 滴定分析法研究

容量滴定分析常分为四大滴定，即酸碱滴定法、氧化还原滴定法、络合滴定法、沉淀滴定法。四大滴定包含着四大平衡，即酸碱离解平衡、氧化还原离解平衡、络合离解平衡、沉淀离解平衡。本章概括介绍化学容量滴定法。

5.2.1滴定分析概述

1.滴定分析法

通常使用滴定管进行含量测定时，将已知准确浓度的试剂溶液即标准溶液与待测物的溶液，按化学计量关系式几乎全部反应，然后根据标准溶液的浓度和所消耗的体积以及被测物的体积，算出待测组分的含量，这一类分析方法统称为滴定分析法。滴加标准溶液的操作过程称为滴定，滴加标准溶液与待测组分恰好反应完全的这一点，称为化学计量点。指示化学计量点通常加入指示剂，利用指示剂颜色的突变来判断滴定终点，实际分析操作中滴定终点与理论上的化学计量点往往不能恰好符合，它们之间存在很小差别。这种误差称为终点误差。一般来说，用于容量分析的终点误差在允许范围之内，实际滴定中相对误差应小于0.5%。

2.滴定分析法对化学反应的要求与滴定分析法的分类

适合滴定分析法的化学反应，应符合以下几个条件。

①反应必须有确定的化学计量关系。反应应定量地完成，通常要求≥99.9%，这是定量计算的基础。

②反应速度要快。对于速度慢的反应，适当采取措施，加热或加入催化剂等，提高其反应速度。

③有简便的确定终点方法。通常加入指示剂，指示化学计量点前后滴定的变化范围。

由于不能完全满足上述条件，可采取以下措施。

①返滴定。Al^{3+}与EDTA络合反应速度很慢，不能用于直接测定，可用加入过量EDTA，并加热使Al^{3+}完全生成Al–EDTA络合物，然后用Zn^{2+}或Cu标准溶液返滴定剩余EDTA。

②间接滴定法。不能与滴定剂直接起反应的物质，有时可以通过另一种化学反应，以滴定法间接进行测定。如Ca^{2+}先沉淀为CaC_2O_4，过滤、洗净，用H_2SO_4溶解，用$KMnO_4$标准溶液滴定与Ca^{2+}结合的$C_2O_4^{2-}$，从而间接测定Ca^{2+}的含量。

根据化学反应不同，滴定分析法一般分为下列四种。

①酸碱滴定法

酸碱反应为基础滴定分析法，如

$$H^+ + B^- = HB$$

②沉淀滴定法

沉淀反应为基础滴定分析法，如银量法

$$Ag^+ + Cl^- = AgCl\downarrow$$

③络合滴定法

以络合反应为基础滴定分析法，如EDTA法（Y^{4-}）

$$M^{2+} + Y^{4-} = MY^{2-}$$

④氧化还原滴定法

以氧化还原反应为基础滴定分析法，如高锰酸钾法

$$MnO_4^- + 5Fe^{2+} + 8H^+ = Mn^{2+} + 5Fe^{3+} + 4H_2O$$

3.基准物质和标准溶液

通常配制标准溶液的主要物质为基准物质，基准物质应符合下列要求。

①物质的纯度必须≥99.9%，并且试剂的组成与化学式相符，含结晶水在常温下必须稳定，如草酸$H_2C_2O_4 \cdot 2H_2O$等。

②基准物选择时，通常选摩尔质量比较大的物质，减少称量引起的误差。

③基准物与被测物反应符合滴定分析的要求。

用基准物质或其他物质配制成一定的溶液，称为标准溶液。配制标准溶液有直接法和间接法两种。

直接法。准确称取基准物质，溶解后，稀释到刻度，直接算出准确浓度。常用基准物质有Na_2CO_3、$Na_2B_4O_7 \cdot 10H_2O$（硼砂）$H_2C_2O_4 \cdot 2H_2O$（二水合草酸）、$K_2Cr_2O_7$、KIO_3、Cu、Zn、$AgNO_3$等。

间接法。粗略地称取一定量物质，或量取一定量体积溶液，配制成接近于所需要浓度的溶液，然后用基准物质或另一种标准溶液来标定。例如，NaOH标准溶液，可用邻苯二钾酸氢钾基准物质来标定。

4.溶液浓度的表示方法及滴定分析计算

（1）物质的量浓度

溶液与标准溶液通常用物质的量浓度c_B表示，即

$$c_B = \frac{n_B}{V}$$

式中，n_B为溶液的物质的量，mol；V为溶液的体积，L^3、m^3；c_B为浓度，$mol \cdot L^{-1}$。

在多元酸碱反应及氧化还原反应时涉及n_B的计算，对于H_2SO_4，$M_{H_2SO_4}=98.08\ g \cdot mol^{-1}$；$M_{1/2H_2SO_4}=\frac{M_{H_2SO_4}}{2}=\frac{98.08}{2}=49.04\ g \cdot mol^{-1}$。相对浓度可表示为$c_{H_2SO_4}$及$c_{1/2H_2SO_4}$。

【例5.3】已知硫酸密度为$1.84\ mol \cdot L^{-1}$，其中H_2SO_4质量分数约为95%，求每1000 mLH_2SO_4中含$n_{H_2SO_4}$、$n_{1/2H_2SO_4}$及$c_{H_2SO_4}$和$c_{1/2H_2SO_4}$。

解：根据式$c_B = \frac{n_B}{V}$得

$$n_{H_2SO_4} = \frac{m_{H_2SO_4}}{M_{H_2SO_4}} = \frac{1.84\ g \cdot mL^{-1} \times 1\ 000\ mL \times 0.95}{98.08\ g \cdot mL^{-1}} = 17.8\ mol$$

$$n_{1/2H_2SO_4} = \frac{m_{H_2SO_4}}{M_{1/2H_2SO_4}} = \frac{1.84\ g \cdot mL^{-1} \times 1\ 000\ mL \times 0.95}{49.04\ g \cdot mL^{-1}} = 35.6\ mol$$

$$c_{H_2SO_4} = \frac{n_{H_2SO_4}}{V_{H_2SO_4}} = 17.8\ mol \cdot L^{-1}$$

$$c_{1/2H_2SO_4} = \frac{n_{1/2H_2SO_4}}{V_{H_2SO_4}} = 35.6 \text{ mol} \cdot \text{L}^{-1}$$

实际滴定分析中用滴定度T来表示浓度，即$T_{待测物质/滴定剂}$，g · mL^{-1}。$Fe^{2+}T_{Fe/KMnO_4} = 0.005\ 268$ g·mL^{-1}，表示1 mL KMnO$_4$溶液将Fe^{2+}氧化为Fe^{3+}时的物质的质量0.005268g,被测定铁的质量分数为

$$w(\text{Fe}) = \frac{T_{Fe/KMnO_4} \times V_{KMnO_4}}{m_{试样}} \times 100\%$$

在进行化学滴定分析计算时，有时滴定度T与浓度c可相互换算，如$T_{Fe/KMnO_4} = 0.018\ 50$ g·mL^{-1}，即每毫升标准KMnO$_4$溶液含有KMnO$_4$0.018 50 g，则

$$c_{KMnO_4} = \frac{T \times 1\ 000}{M} \text{ mol} \cdot \text{L}^{-1}$$

（2）滴定分析计算

【例5.4】准确称取2.942 g基准物质K$_2$Cr$_2$O$_7$，溶解后定量转移至250 mL容量瓶中。问此时$c_{K_2Cr_2O_7}$与$c_{1/6K_2Cr_2O_7}$各为多少？

解：

$$m_{K_2Cr_2O_7} = 294.2 \text{ g} \cdot \text{mol}^{-1}$$

$$M_{1/6K_2Cr_2O_7} = \frac{294.2 \text{ g} \cdot \text{mol}^{-1}}{6} = 49.03 \text{ mol} \cdot \text{L}^{-1}$$

$$c_{K_2Cr_2O_7} = \frac{294.2 \text{ g}/294.2 \text{ g} \cdot \text{mol}^{-1}}{0.2500 \text{ L}^{-1}} = 0.040\ 00 \text{ mol} \cdot \text{L}^{-1}$$

$$c_{1/6K_2Cr_2O_7} = \frac{2.942 \text{ g}/49.3 \text{ g} \cdot \text{mol}^{-1}}{0.250\ 0 \text{ L}^{-1}} = 0.240\ 0 \text{ g} \cdot \text{mol}^{-1}$$

【例5.5】称取0.150 0 g基准物质H$_2$C$_2$O$_4$·2H$_2$O，用未知浓度的KOH溶液标定需22.59 mL，求该KOH溶液浓度c_{KOH}。

解：反应式为

$$H_2C_2O_4 + 2OH^- = C_2O_4^{2-} + 2H_2O$$

$$n_{KOH} = 2n_{H_2C_2O_4 \cdot 2H_2O}$$

$$n_{H_2C_2O_4 \cdot 2H_2O} = \frac{m_{H_2C_2O_4 \cdot 2H_2O}}{M_{H_2C_2O_4 \cdot 2H_2O}}$$

$$c_{KOH} = \frac{2m_{H_2C_2O_4 \cdot 2H_2O}}{M_{H_2C_2O_4 \cdot 2H_2O}V_{KOH}} = \frac{2 \times 0.150\ 0 \text{ g}}{126.1 \text{ g} \cdot \text{mol}^{-1} \times 22.59 \text{ mL} \times 10^{-3}} = 0.105\ 8 \text{ mol} \cdot \text{L}^{-1}$$

【例5.6】有KMnO$_4$标准溶液，已知其浓度为0.02020mol · L^{-1}，求其$T_{Fe/KMnO_4}$。

解：氧化还原反应式为

$$5Fe^{2+}+MnO_4^-+8H^+ == 5Fe^{3+}+Mn^{2+}+4H_2O$$

$$n_{Fe^{2+}}=5n_{KMnO_4}$$

$$n_{Fe^{2+}}=2n_{Fe_2O_3}$$

$$n_{Fe_2O_3}=\frac{n_{Fe^{2+}}}{2}=\frac{5}{2}n_{KMnO_4}$$

$$T_{Fe/KMnO_4}=\frac{m_{Fe}}{V_{KMnO_4}}=\frac{n_{Fe}M_{Fe}}{V_{KMnO_4}}=\frac{5n_{KMnO_4}M_{Fe}}{V_{KMnO_4}}$$

$$=\frac{5\times0.020\ 20\ mol\cdot L^{-1}\cdot1\ L^3\times1\ 000\ mol\cdot L^{-1}\times55.85\ g\cdot mL^{-1}}{1\ L^3\times1\ 000\ mol\cdot L^{-1}}$$

$$=5.641\times10^{-3}\ g\cdot mL^{-1}$$

5.2.2酸碱滴定法

酸碱滴定法是重要的滴定分析方法之一。在前面章节中，已经介绍了酸碱平衡理论和酸碱质子理论。本章首先讨论酸碱平衡中分布分数、分布曲线、pH值计算，然后再介绍酸碱滴定法的有关理论和应用。

1.不同pH值溶液中的各物质的分布分数δ

（1）一元酸溶液

【例5.7】HAc在溶液中以HAc及Ac⁻两种形式存在，设总浓度为c，则

$$c=[HAc]+\left[Ac^-\right]$$

HAc所占分布分数为

$$\delta_{HAc}=\frac{c(HAc)/c^\ominus}{c(HAc)/c^\ominus+c(Ac^-)/c^\ominus}=\frac{1}{1+\frac{c(Ac^-)/c^\ominus}{c(HAc)/c^\ominus}}=\frac{1}{1+\frac{K_a}{c(H^+)/c^\ominus}}=\frac{c(H^+)/c^\ominus}{c(H^+)/c^\ominus+K_a}$$

Ac⁻所占分布分数为

$$\delta_{Ac^-}=\frac{c(Ac^-)/c^\ominus}{c(HAc)/c^\ominus+c(Ac^-)/c^\ominus}=\frac{K_a}{c(H^+)/c^\ominus+K_a}$$

从δ_{HAc}、δ_{Ac^-}计算式可见，分布分数与$[H^+]$即pH有关。pH升高，δ_{Ac^-}增加，δ_{HAc}下降，pH降低，δ_{Ac^-}降低，δ_{HAc}增加。当pH=pK_a，$\delta_{HAc}=\delta_{Ac^-}-0.5$，HAc与Ac⁻各占一半。pH≪$pK_{HAc}$、$\delta_{HAc}$≫$\delta_{Ac^-}$，以HAc为主要形式存在，pH≫$pK_{HAc}$、$\delta_{Ac^-}$≫$\delta_{HAc}$以Ac⁻为主要的形式存在。

（2）二元酸溶液

如草酸溶液以$H_2C_2O_4$、$HC_2O_4^-$和$C_2O_4^{2-}$三种形式存在，设总浓度为c，则

$$c = c(H_2C_2O_4) + c(HC_2O_4^-) + c(C_2O_4^{2-})$$

公式δ_0、δ_1、δ_2分别表示$H_2C_2O_4$、$HC_2O_4^-$、$C_2O_4^{2-}$的分布系数。

$$\begin{aligned}
\delta_0 &= \frac{c(H_2C_2O_4)/c^{\ominus}}{C} \\
&= \frac{c(H_2C_2O_4)/c^{\ominus}}{c(H_2C_2O_4)/c^{\ominus} + c(H_2C_2O_4^-)/c^{\ominus} + c(C_2O_4^{2-})/c^{\ominus}} \\
&= \frac{1}{1 + \dfrac{c(H_2C_2O_4^-)/c^{\ominus}}{c(H_2C_2O_4)/c^{\ominus}} + \dfrac{c(C_2O_4^{2-})/c^{\ominus}}{c(H_2C_2O_4)/c^{\ominus}}} \\
&= \frac{1}{1 + \dfrac{K_{a1}}{c(H^+)/c^{\ominus}} + \dfrac{K_{a1}K_{a2}}{\{c(H^+)/c^{\ominus}\}^2}} \\
&= \frac{\{c(H^+)/c^{\ominus}\}^2}{\{c(H^+)/c^{\ominus}\}^2 + K_{a1}c(H^+)/c^{\ominus} + K_{a1}K_{a2}}
\end{aligned}$$

同理可求

$$\delta_1 = \frac{K_{a1}\{c(H^+)/c^{\ominus}\}}{\{c(H^+)/c^{\ominus}\}^2 + K_{a1}\{c(H^+)/c^{\ominus}\} + K_{a1}K_{a2}}$$

$$\delta_2 = \frac{K_{a1}K_{a2}}{\{c(H^+)/c^{\ominus}\}^2 + K_{a1}\{c(H^+)/c^{\ominus}\} + K_{a1}K_{a2}}$$

则

$c(H_2C_2O_4) = \delta_0 C$、$c(H_2C_2O_4^-) = \delta_1 C$、$c(H_2C_2O_4^{2-}) = \delta_2 C$

pH $\ll pK_{a1} = 1.23$ 时，$H_2C_2O_4$为主要存在形式；pH $\ll pK_{a2} = 4.19$ 时，溶液中$C_2O_4^{2-}$为主要的存在形式；当$1.23 \ll$ pH $\ll 4.19$ 时，溶液中以$HC_2O_4^{2-}$为主要存在形式。

（3）三元酸溶液

例如H_3PO_4，用同样方法处理得δ_0、δ_1、δ_2、δ_3，分别表示H_3PO_4、$H_2PO_4^-$、$H_2PO_4^{2-}$、$H_2PO_4^{3-}$的分布系数，即

$$\delta_0 = \frac{\{c(H_3PO_4)/c^{\ominus}\}}{C}$$

$$= \frac{\{c(H^+)/c^{\ominus}\}^3}{\{c(H^+)/c^{\ominus}\}^3 + K_{a1}\{c(H^+)/c^{\ominus}\}^2 + K_{a1}K_{a2}\{c(H^+)/c^{\ominus}\} + K_{a1}K_{a2}K_{a3}} \quad (13.3a)$$

$$\delta_1 = \frac{\{c(H_2PO_4^-)/c^{\ominus}\}}{C}$$

$$= \frac{K_{a1}\{c(H^+)/c^{\ominus}\}^2}{\{c(H^+)/c^{\ominus}\}^3 + K_{a1}\{c(H^+)/c^{\ominus}\}^2 + K_{a1}K_{a2}\{c(H^+)/c^{\ominus}\} + K_{a1}K_{a2}K_{a3}}$$

$$\delta_2 = \frac{\{c(H_3PO_4^{2-})/c^{\ominus}\}}{C}$$

$$= \frac{K_{a1}K_{a2}\{c(H^+)/c^{\ominus}\}}{\{c(H^+)/c^{\ominus}\}^3 + K_{a1}\{c(H^+)/c^{\ominus}\}^2 + K_{a1}K_{a2}\{c(H^+)/c^{\ominus}\} + K_{a1}K_{a2}K_{a3}}$$

$$\delta_3 = \frac{\{c(H_3PO_4^{2-})/c^{\ominus}\}}{C}$$

$$= \frac{K_{a1}K_{a2}K_{a3}}{\{c(H^+)/c^{\ominus}\}^3 + K_{a1}\{c(H^+)/c^{\ominus}\}^2 + K_{a1}K_{a2}\{c(H^+)/c^{\ominus}\} + K_{a1}K_{a2}K_{a3}}$$

2.酸碱溶液pH值的计算

酸碱滴定过程中要了解pH值变化，pH值对许多反应有直接影响，计算不同情况下的pH值尤为重要。可以根据质子条件、物料平衡、电荷平衡求出溶液中的pH值。

（1）一元弱酸碱溶液pH值的计算

对于一元弱酸HA，考虑H_2O的电离，存在下列电离反应，即

$$HA = H^+ + A^-; \quad H_2O = H^+ + OH^-$$

质子条件为

$$c(H^+) = c(A^-) + c(OH^-)$$

$$c(A^-) = K_a c(HA)/c(H^+)$$

$$c(OH^-) = K_a/c(H^+)$$

代入上式，得一元三次方程

$$c(H^+)^3 + K_a c(H^+)^2 - (cK_a + K_w)c(H^+) - K_a K_w = 0$$

当$c/K_a \geqslant 105$，允许5％误差，$c(HA)=c$代入得近似公式

$$c(H^+) = \sqrt{cK_a + K_w}$$

当$cK_a \geqslant 10K_w$时，$c/K_{a1} > 105$代入下式

$$c(H^+) = \frac{K_a c(HA)}{c(H^+)} + \frac{K_w}{c(H^+)}$$

$$c(H^+)^2 = K_a c(HA) + K_a$$

$$c(H^+) = \sqrt{K_a c(HA) + K_a}$$

$$c(HA) = c\delta_{HA} = \frac{c(H^+)}{c(H^+) + K_a}$$

则得

$$c(H^+) = \sqrt{K_a c(HA)} = \sqrt{K_a |c - c(H^+)|}$$

$$c(H^+) = \frac{1}{2}\left(-K_a + \sqrt{K_a^2 + 4cK_a}\right)$$

如果满足

$$c/K_a \geqslant 105; \quad cK_a \geqslant 10K_w$$

则该式简化为

$$c(H^+) = \sqrt{cK_a}$$

此式成立的条件为浓度不很稀，$c(H^+)$来源HA的电离，省去水的电离，$c(HA)$浓度近似以初始浓度c表示。

（2）两性物质溶液pH值的计算

有一些物质，在溶液中既可给出质子，显示酸性，又可接受质子，显出碱性，这里酸碱平衡既要考虑酸性离解平衡，又要考虑碱性平衡。如$NaHCO_3$、K_2HPO_4、NaH_2PO_4及邻苯二钾酸氢等水溶液。

以NaHA为例，溶液中存在下列平衡，即

$$HA^- = H^+ + A^{2-}$$

$$HA^- + H_2O = H_2A + OH^-$$

$$H_2O = H + OH^-$$

故其质子条件为

$$c(H^+) = c(A^{2-}) + c(OH^-) - c(H_2A)$$

即

$$c(H_2A) + c(H^+) = c(A^{2-}) + c(OH^-)$$

根据二元弱酸H_2A离解平衡关系，得到

$$\frac{c(H^+)c(HA^-)}{K_{a1}} + c(H^+) = \frac{K_{a2}c(HA^-)}{c(H^+)} + \frac{K_w}{c(H^+)}$$

$$c(\text{H}^+)=\sqrt{\frac{K_{a1}\left(K_{a2}c\left(\text{HA}^-\right)+K_w\right)}{K_{a1}+c\left(\text{HA}^-\right)}}$$

当HA⁻放出质子比接受质子较弱时，$c(\text{HA}^-)\approx c$，则

$$c(\text{H}^+)=\sqrt{\frac{K_{a1}\left(K_{a2}c+K_w\right)}{K_{a1}+c}}$$

如果

$$cK_{a2}\geq 10W_w$$

则

$$c(\text{H}^+)=\sqrt{\frac{cK_{a1}K_{a2}}{K_{a1}+c}}$$

如果

$$cK_{a1}>10$$

则

$$c(\text{H}^+)=\sqrt{K_{a1}K_{a2}}$$

【例5.8】计算0.15 mol·L⁻¹NaHCO₃溶液pH值。

解：

$$cK_{a2}=0.15\times5.6\times10^{-11}=8.4\times10^{-12}>10K_w=2.0\times10^{-13}$$

$$\frac{c}{K_{a1}}=\frac{0.15}{4.2\times10^{-7}}=0.36\times10^5>10$$

故采用最简公式计算，得到

$$c(\text{H}^+)=\sqrt{K_{a1}K_{a2}}=\sqrt{4.2\times10^{-7}\times5.6\times10^{-11}}=4.9\times10^{-9}\text{ mol·L}^{-1}$$

$$\text{pH}=8.31$$

（3）弱酸弱碱盐

如NH₄Ac、HCOONH₄、NH₂CH₂COOH、(NH₄)₂CO₃等，NH₄⁺起酸作用，Ac⁻、HCOO⁻、NH₂CH₂COO⁻起碱作用，则可以用两性物质的计算公式求CO₃²⁻、H⁺浓度。

（4）其他酸碱溶液pH值的计算

上述讨论的一元弱酸（碱）和两性物质，弱酸弱碱溶液pH计算，在酸碱滴定法中经常用到。其他类型可见文献。当计算弱碱、强酸时，只要将$c(\text{H}^+)$、K_a换成$c(\text{OH}^-)$、K_b即可。

缓冲溶液是对溶液起稳定pH作用，当共轭酸碱对浓度很高时pH计算在前面已介绍，下面对缓冲溶液中$c(\text{H}^+)$的计算公式进行推导。

对于弱酸HB及共轭碱NaB缓冲溶液，浓度分别为c_{HB}、$c_{\text{B}^-}\left(\text{mol·L}^{-1}\right)$，物体平衡式为

$$c(\text{Na}^+) = c_{\text{B}^-}$$

$$c(\text{HB}) + c(\text{B}^-) = c_{\text{HB}} + c_{\text{B}^-}$$

电荷平衡式为

$$c(\text{Na}^+) + c(\text{H}^+) = c(\text{B}^-) + c(\text{OH}^-)$$

合并后得到

$$c_{\text{B}^-} + c(\text{H}^+) = c(\text{B}^-) + c(\text{OH}^-)$$

将此式代入物体平衡式中，得到

$$c(\text{B}^-) = c_{\text{B}^-} + c(\text{H}^+) - c(\text{OH}^-)$$

$$c(\text{HB}) = c_{\text{HB}} - c(\text{H}^+) + c(\text{OH}^-)$$

$$c(\text{H}^+) = K_a \frac{c(\text{HB})}{c(\text{B}^-)} = K_a \frac{c_{\text{HB}} - c(\text{H}^+) + c(\text{OH}^-)}{c_{\text{B}^-} + c(\text{H}^+) - c(\text{OH}^-)}$$

精确式计算时十分复杂，根据实际情况，采用近似方法进行处理。pH <6时，$c(\text{OH}^-)$可忽略，故上式可简化后得到

$$c(\text{H}^+) = K_a \frac{c_{\text{HB}} - c(\text{H}^+)}{c_{\text{B}^-} + c(\text{H}^+)}$$

pH>8时，$c(\text{H}^+)$可忽略，故上式可简化后得到

$$c(\text{H}^+) = K_a \frac{c_{\text{HB}} + c(\text{OH}^-)}{c_{\text{B}^-} - c(\text{OH}^-)}$$

如果$c_{\text{HB}} \geq c(\text{OH}^-) - c(\text{H}^+)$和$c_{\text{B}^-} \geq c(\text{H}^+) - c(\text{OH}^-)$，得近似解

$$c(\text{H}^+) = K_a \frac{c_{\text{HB}}}{c_{\text{B}^-}}$$

$$\text{pH} = pK_a + \lg \frac{c_{\text{B}^-}}{c_{\text{HB}}}$$

这就是通常计算缓冲溶液H$^+$浓度的最简公式。

pH范围为$pK_a \pm 1$，各种不同的共轭酸碱，由于它的K_a值的不同，组成的缓冲溶液所能控制pH值也不同。当$c_a : c_b \approx 1$时，缓冲溶液的缓冲能力最大。

3.酸碱滴定

为了正确地运用酸碱滴定进行分析测定，必须了解酸碱滴定过程中H$^+$浓度的变化规律，选择合适的指示剂，或用电位滴定的方法，准确地确定滴定终点。

酸碱滴定终点的指示方法主要判断滴定分析终点有两类方法，即指示剂法和电位滴定法。指示剂法利用指示剂在某一pH范围内变色来指示终点，电位滴定法根据电位的突跃来确定终点。

（1）指示剂法

酸碱指示剂的平衡常数不同，它们的变色范围也不同。由于目测的误差，根据变色范围也略有不同。

指示剂的变色原理，主要在HIn存在时以酸式颜色，以In存在时以碱式颜色，$\dfrac{c(\text{In}^-)}{c(\text{HIn})}=1$为指示剂的理论变色点。

例如，酚酞由平衡关系可以看出，酸性溶液酚酞以各种元素形式存在。在碱性溶液中，转化为醌式后显红色，但是在足够大的浓碱溶液中，酚酞有可能转化为无色的羧酸式。

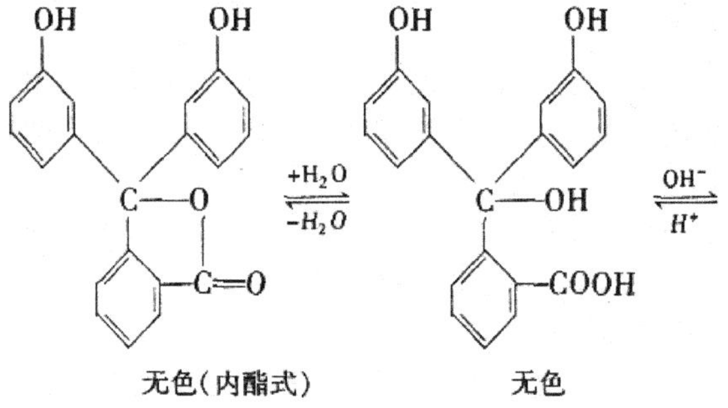

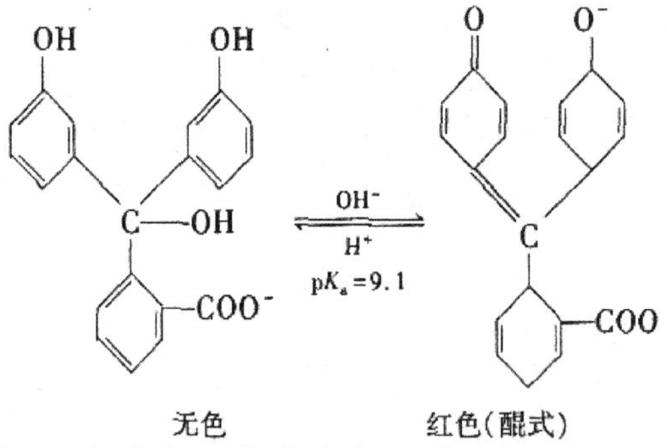

指示剂的酸式HIn和碱式In⁻在溶液中达到平衡，即

$$\text{HIn}+\text{H}_2\text{O}=\text{H}_3\text{O}^++\text{In}^-$$

平衡时平衡常数为

$$\frac{\left\{c(\text{H}^+)/c^{\ominus}\right\}\left\{c(\text{In}^-)/c^{\ominus}\right\}}{\left\{c(\text{HIn})/c^{\ominus}\right\}}=K_a$$

$$\frac{c(\text{In}^-)}{c(\text{HIn})} = \frac{K_a}{c(\text{H}^+)}$$

由此可见 $\dfrac{c(\text{In}^-)}{c(\text{HIn})}$ 的值与 $c(\text{H}^+)$ 有关。$\dfrac{c(\text{In}^-)}{c(\text{HIn})} \leqslant 0.1$，显示 HIn 的颜色；$\dfrac{c(\text{In}^-)}{c(\text{HIn})} \geqslant 10$，显示 In 的颜色；$0.1 < \dfrac{c(\text{In}^-)}{c(\text{HIn})} < 10$，显示混合色；当 $c(\text{In}^-) = c(\text{HIn})$，$c(\text{H}^+) = K_a$，pH $= PK_a$ 称为理想变色点。

将 $\dfrac{c(\text{In}^-)}{c(\text{HIn})} \geqslant 10$、$\dfrac{c(\text{In}^-)}{c(\text{HIn})} \leqslant 0.1$ 代入得 pH $\geqslant pK_a + 1$、pH $\leqslant pK_a - 1$。pH $\geqslant pK_a + 1$ 就是指示剂变色的 pH 范围，称为指示剂理想变色范围。

（2）电位滴定法

由于肉眼辨别颜色的能力有差异，或者测定有色溶液时，不能用指示剂指示终点，这时可以用电位滴定法弥补其不足。

电位滴定仪通常有两个电极，一个做参比电极（甘汞电极），另一个做指示电极（pH玻璃电极），加上pH计（或电位测定仪），利用滴定过程中pH随滴定剂体积 V 变化数据绘成 V–pH曲线，通过对曲线的数学处理，求出终点时所需的滴定剂溶液的体积。

4.酸碱滴定法的基本原理

酸碱滴定法又叫中和法，它是以酸碱中和反应为基础滴定的分析方法。通常滴定剂为强酸或强碱，被滴定的是各种具有碱性或酸性的物质。弱酸与弱碱的滴定意义不大，突跃不明显，可改用非水滴定等方法进行。

根据酸碱平衡原理，可以计算滴定过程中溶液pH值的变化情况，确定pH值的突跃范围，终点pH值，选择指示剂，可以计算滴定误差等。

（1）强酸滴定强碱或强碱滴定强酸

强酸HCl、HNO_3、H_2SO_4、$HClO_4$与强碱NaOH、KOH之间相互滴定，以0.1000 mol·L^{-1}NaOH滴定20.00 mL 0.1000 mol·L^{-1}HCl为例，讨论pH突跃范围和指示剂的选择。滴定前溶液酸度以0.1000 mol·L^{-1}HCl计算，则pH=1.00。

滴定开始至化学计量点前，当滴入18.00 mL NaOH溶液时

$$c(\text{H}^+) = \frac{(20.00\ \text{mL} - 18.00\ \text{mL}) \times 0.100\ 0\ \text{mol·L}^{-1}}{20.00\ \text{mL} + 18.00\ \text{mL}} = 5.26 \times 10^{-3}\ \text{mol·L}^{-1}$$
$$\text{pH} = 2.28$$

当滴入19.98 mL NaOH溶液时

$$c(H^+) = \frac{(20.00\ mL - 19.98\ mL) \times 0.100\ 0\ mol \cdot L^{-1}}{20.00\ mL + 19.98\ mL} = 5.00 \times 10^{-5}\ mol \cdot L^{-1}$$

$$pH = 4.30$$

化学计量点时已滴入NaOH溶液20.00mL，溶液呈中性。则

$$c(H^+) = c(OH^-) = 1.00 \times 10^{-7}\ mol \cdot L^{-1}$$

$$pH = 7.00$$

化学计量点后，溶液的pH决定于过量NaOH的浓度。如滴入NaOH溶液20.02 mL，则

$$c(OH^-) = 0.100\ 0\ mol \cdot L^{-1} \times \frac{0.02\ mL}{20.00\ mL + 20.02\ mL} = 5.00 \times 10^{-5}\ mol \cdot L^{-1}$$

$$pOH = 4.30$$

$$pH = 14.00 - pOH = 14.00 - 4.30 = 9.70$$

如此逐一计算，将计算结果以NaOH溶液加入量为横坐标，以pH值为纵坐标来绘制pH–V曲线，就得到酸碱滴定曲线（图5–2）。

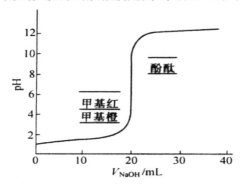

图5-2　0.100 0 mol · L⁻¹NaOH滴定20.00 mL 0.100 0 mol · L⁻¹HCl的滴定曲线

由图可以看出，从滴定开始到19.80 mL NaOH，pH从1.00增大到3.30，pH改变了2.30。当NaOH从19.80 mL滴定到20.02时，pH由4.30突变到9.70，净改变5.40个单位，通常将滴定不足0.1%（19.98 mL NaOH）到过量0.1%（20.02 mL NaOH），称为滴定"突跃"。因此，选择理想的指示剂应该在突跃部分变色。通常用甲基红pH=4.4 ~ 6.2、酚酞pH=8.0 ~ 9.6、甲基橙pH=3.1 ~ 4.4作为滴定指示剂，但甲基橙为传统的指示剂，误差大一些。最好选甲基红、酚酞作指示剂。

必须指出，滴定突跃的大小与溶液的浓度有关。用1.000 mol · L⁻¹NaOH滴定1.000 mL HCL，突跃为3.3 ~ 10.7，此时可选用甲基橙为指示剂，滴定误差将小于0.1%。用0.010 00 mol · L⁻¹NaOH滴定0.010 0 mol · L⁻¹

NaOH，突跃为5.3～8.7，若选甲基橙指示剂，误差达1%以上，应该选甲基红、酚酞作指示剂。

（2）强碱滴定弱酸

实验室中常用NaOH滴定醋酸就属于这种类型。当然被滴定的弱酸也可以是甲酸、乳酸、吡啶盐一类。下面以0.100 0 mol·L⁻¹NaOH滴定20.00 mL 0.100 0 mol·L⁻¹ HAc为例，分别计算滴定开始至过计量点时的pH变化。

基本反应式

$$HAc+OH^- = Ac^-+H_2O$$

滴定前0.100 0 mol·L⁻¹ HAc浓度

$$c(H^+) = \sqrt{cK_{HAc}} = \sqrt{0.100\ 0\times1.8\times10^{-5}} = 1.34\times10^{-3}\ mol\cdot L^{-1}$$
$$pH = 2.87$$

滴定开始至化学计量点前，未中和的HAc和反应产物Ac⁻组成缓冲体系，按缓冲溶液计算pH，则

$$c(H^+) = K_a\frac{c_{HAc}}{c_{Ac^-}}$$

$$pH = pK_a - lg\frac{c_{HAc}}{c_{Ac^-}}$$

当滴入19.98 mL NaOH时

$$c_{HAc} = \frac{0.02\ mL\times0.100\ 0\ mol\cdot L^{-1}}{20.00\ mL+19.98\ mL} = 5.00\times10^{-5}\ mol\cdot L^{-1}$$

$$c_{Ac^-} = \frac{19.98\ mL\times0.100\ 0\ mol\cdot L^{-1}}{20.00\ mL+19.98\ mL} = 5.00\times10^{-2}\ mol\cdot L^{-1}$$

$$pH = pK_a - lg\frac{c_{HAc}}{c_{Ac^-}} = 4.74 - lg\frac{5.00\times10^{-5}\ mol\cdot L^{-1}}{5.00\times10^{-2}\ mol\cdot L^{-1}} = 7.74$$

化学计量点时，滴入20.00 mL NaOH全部中和HAc，生成NaAc，按Ac⁻水解计算pH，则

$$Ac^-+H_2O=HAc+OH^-$$

$$c(OH^-) = \sqrt{c_{Ac}\cdot K_b} = \sqrt{c_{Ac}-\frac{K_w}{K_{HAc}}}$$

$$= \sqrt{0.050\ 00\ mol\cdot L^{-1}\times\frac{10^{-14}}{1.8\times10^{-5}}}$$

$$= 5.27\times10^{-6}\ mol\cdot L^{-1}$$

$$pOH=5.28; pH=14.00-5.28=8.72$$

化学计量点后，NaOH过量0.02 mL，pH按NaOH浓度来计算。则

$$c(OH^-)=\frac{0.02\ mL\times0.1000\ mol\cdot L^{-1}}{20.00\ mL+20.02\ mL}=5.0\times10^{-5}\ mol\cdot L^{-1}$$

$$pOH=4.30; pH=9.70$$

pH突跃范围为7.74~9.70，可选用酚酞、百里酚蓝、百里酚酞指示终点，甲基橙不适合。

如果被滴定的酸更弱，离解常数10^{-7}左右，化学计量点时pH更高，突跃区间更小，酚酞指示剂不适用，可选用百里酚酞变色pH9.4~10.6较合适。

（3）强酸滴定弱碱

例如用HCl滴定NH_3、硼砂（$Na_2B_4O_7\cdot10H_2O$）等。硼砂溶于水发生下列反应

$$B_4O_7^{2-}+5H_2O===2H_2BO_3^-+2H_3BO_3$$

共轭碱$H_2BO_3^-$的$pK_b=4.76$，若$cK_b\geq10^{-8}$，便可用酸目视直接滴定。用HCl滴定$Na_2B_4O_7\cdot10H_2O$相当于滴定二元弱碱，1 mol $Na_2B_4O_7\cdot10H_2O$水解生成2 mol $H_2BO_3^-$，可与2 mol H^+中和反应。化学计量点前，可用H_3BO_3/$H_2BO_3^-$缓冲对计算pH值，化学计量点后，可用过量HCl计算pH值。

当化学计量点时，0.200 mol·L^{-1} HCL滴定20.00 mL 0.100 0 mol·L^{-1} $Na_2B_4O_7$溶液，终点时

$$c(H_3BO_3)=\frac{2\times20.00\ mL\times0.100\ 0\ mol\cdot L^{-1}+2\times20.00\ mL\times0.100\ 0\ mol\cdot L^{-1}}{20.00\ mL+20.02\ mL}$$

$$=0.200\ 0\ mol\cdot L^{-1}$$

可以选用甲基红指示剂（变色范围pH4.4~6.2），从黄色变为红色为终点。

（4）多元酸、混合酸和多元碱的滴定

多元酸的滴定用0.10 mol·L^{-1} NaOH滴定20.00 mL 0.10 mol·L^{-1} H_3PO_4，H_3PO_4离解时有三级，即

$$H_3PO_4=H^++H_2PO_4^-\quad K_{a1}=7.6\times10^{-3}$$
$$H_2PO_4^-=H^++HPO_4^{2-}\quad K_{a2}=6.3\times10^{-8}$$
$$HPO_4^{2-}=H^++PO_4^{3-}\quad K_{a3}=4.4\times10^{-13}$$

第一化学计量点时，NaH_2PO_4的浓度为0.050 mol·L^{-1}。两性物质因为$K_{a2}c\geq K_w$，则选用甲基橙为指示剂，终点由红变黄。

第二化学计量点时，则

$$c(\mathrm{HPO}_4^{2-}) = 0.10 \ \mathrm{mol \cdot L^{-1}}/3 = 0.033 \ \mathrm{mol \cdot L^{-1}}$$

$$c(\mathrm{H^+}) = \sqrt{\frac{K_{a2}\left(K_{a3}c + K_w\right)}{c}} = \sqrt{\frac{6.3\times10^{-8}\left(4.4\times10^{-13}+1.0\times10^{-14}\right)}{0.033}} = 2.2\times10^{-10}\mathrm{mol \cdot L^{-1}}$$

$$\mathrm{pH}=9.66$$

选用酚酞作指示剂（变色点pH=9），终点出现过早。用百里酚酞（变色点pH=10）作指示剂，滴定误差小于0.5%。

第三化学计量点时，由于K_{a3}太小，不能滴定。但可加入$\mathrm{CaCl_2}$溶液形成$\mathrm{Ca_3(PO_4)_2}$沉淀，释放出$\mathrm{H^+}$，第三个氢离子就可以滴定了。

对于多元酸能否准确滴定及分别滴定，可根据下列条件来确定，即

$$\begin{cases} cK_{a1} \geqslant 10^{-8} \\ K_{a1}/K_{a2} > 10^5 \end{cases}$$

满足上述条件，才能保证滴定误差≤0.5%。

混合酸滴定两种弱酸（HA+HB）混合物，离解常数分别为K_{HA}、K_{HB}，浓度分别为c_1、c_2。当$\dfrac{c_1 K_{\mathrm{HA}}}{c_2 K_{\mathrm{HB}}} > 10^5$以上，且$c_{\mathrm{HA}}K_{\mathrm{HA}} \geqslant 10^{-8}$时，能准确滴定第一种弱酸HA。

第一化学计量点时

$$c(\mathrm{H^+}) = \sqrt{K_{\mathrm{HA}}K_{\mathrm{HB}}}$$

$$\mathrm{pH} = \frac{1}{2}\mathrm{p}K_{\mathrm{HA}} + \frac{1}{2}\mathrm{p}K_{\mathrm{HB}}$$

多元碱的滴定用HCL溶液滴定$\mathrm{Na_2CO_3}$就属于多元碱的滴定。$\mathrm{Na_2CO_3}$是二元弱碱，$K_{b1}=\dfrac{K_w}{K_{a2}}=1.79\times10^{-4}$、$K_{b2}=\dfrac{K_w}{K_{a1}}=2.38\times10^{-4}$。用HCl滴定$\mathrm{Na_2CO_3}$，第一化学计量点时，生成$\mathrm{HCO_3^-}$两性物质，则

$$c(\mathrm{H^+}) = \sqrt{K_{a1}K_{a2}'} = \sqrt{4.2\times10^{-7}\times5.6\times10^{-11}} = 4.85\times10^{-9}\mathrm{mol \cdot L^{-1}}$$

$$\mathrm{pH}=8.31$$

可选用酚酞作指示剂。$K_{b1}/K_{b2}=10^4$，第二化学计量点，生成$\mathrm{H_2CO_3}$，饱和$\mathrm{H_2CO_3}$，浓度均为0.04mol·$\mathrm{L^{-1}}$。则

$$c(\mathrm{H^+}) = \sqrt{cK_{a1}} = \sqrt{0.04\times4.2\times10^{-7}} = 1.3\times10^{-4}\mathrm{mol \cdot L^{-1}}$$

$$\mathrm{pH}=3.9$$

可选用甲基橙作为第二化学计量点指示剂。如果形成CO_2过饱和溶液，酸度稍微增大，终点稍稍出现过早，因此，应注意在滴定终点附近剧烈摇动溶液。混合碱滴定$NaOH+Na_2CO_3$、$NaHCO_3+Na_2CO_3$的含量常用HCl标准溶液来测定，用酚酞或甲酚红和百里酚蓝混合指示剂，能满足工业分析准确度的要求。第二化学计量点，滴定突跃也是较小的，可选用甲基橙指示终点，再选用参比溶液、加热等方法，达到水中碱度工业分析要求。

上述滴定中都需要配制标准溶液。酸标准溶液常为HCl溶液，浓度在$0.01\sim1$ $mol\cdot L^{-1}$，准确浓度用基准物来标定，常用的无水Na_2CO_3和硼砂，它们反应分别为

$$Na_2CO_3+2HCl === 2NaCl+H_2CO_3$$
$$\qquad\qquad\qquad\longrightarrow H_2O + CO_2$$

$$Na_2B_4O_7+2HCl+5H_2O = 4H_3BO_3+2NaCl$$

用Na_2CO_3标定HCl溶液时，用甲基橙指示终点，硼砂标定HCl时，用甲基红指示终点。碱标准溶液一般用NaOH配制，浓度范围在$0.01\sim1mol\cdot L^{-1}$，由于在空气中NaOH易生成Na_2CO_3，因此设法配制不含Na_2CO_3的NaOH溶液，其中之一就是配制质量分数为50%的NaOH溶液，Na_2CO_3以沉淀沉降，吸上层清液，稀释至所需浓度。另一种方法将NaOH置于烧杯中，以蒸馏水洗涤$2\sim3$次，每次少量水洗去表面的少许Na_2CO_3。标定NaOH溶液，可用$H_2C_2O_4\cdot2H_2O$，KHC_2O_4，苯甲酸等作基准物。但最常用邻苯二甲酸氢钾，相当于一元酸的中和反应，酚酞作指示剂。

（5）酸碱滴定法的计算与误差分析

【例5.9】用0.1000 $mol\cdot L^{-1}$ NaOH滴定25.00 mL 0.1000 $mol\cdot L^{-1}$ HCl。①用甲基橙为指示剂，滴定至pH=4.00为终点；②用酚酞作指示剂，滴定至pH=9.00，分别计算终点误差。

解：①化学计量点pH=7.00，今滴定pH=4.00，HCl未被中和，此时
$$c(H^+)=1.0\times10^{-4}mol\cdot L^{-1}$$

总体积约2×25.00 mL=50.0 mL

滴定误差

$$E_T=\frac{-未被中和的HCl摩尔数}{原来HCl总摩尔数}\times100\%=\frac{-1.0\times10^{-4}\ mol\cdot L^{-1}\times50.0\ mL}{0.1000\ mol\cdot L^{-1}\times25.0\ mL}\times100\%=-0.2\%$$

定至pH=9.00，则
$$c(H^+)=1.0\times10^{-9}mol\cdot L^{-1}$$
$$c(OH^+)=1.0\times10^{-5}mol\cdot L^{-1}$$

滴定误差

$$E_{\text{T}}=\frac{\text{过量NaOH摩尔数}}{\text{应加入NaOH摩尔数}}\times100\%=\frac{1.0\times10^{-5}\ \text{mol}\cdot\text{L}^{-1}\times50\ \text{mL}}{0.100\ 0\ \text{mol}\cdot\text{L}^{-1}\times25.00\ \text{mL}}\times100\%=+0.02\%$$

5.2.3氧化还原滴定法

氧化还原滴定法是以氧化还原反应为基础的滴定分析法。在分析化学中，氧化还原反应还广泛应用在溶解、分离和测定步骤中。在氧化还原反应中，除了主反应外，还经常伴有各种副反应，介质对反应也有较大的影响，有的反应速度较慢，有时还加入催化剂，或加热时滴定。因此，讨论氧化还原反应，还应考虑反应机理、反应速度、反应条件及滴定条件等问题。根据所用的氧化剂和还原剂不同，可将氧化还原滴定法分为高锰酸钾法、重铬酸钾法、碘量法、溴酸钾法及镉量法等。本节讨论氧化还原滴定法的基本原理。

1.氧化还原平衡

（1）能斯特公式

氧化还原反应为

$$\text{Ox}+n e=\text{Red}$$

根据能斯特方程，则

$$\varphi_{\text{Ox/Red}}=\varphi_{\text{Ox/Red}}^{\ominus}+\frac{RT}{nF}\ln\frac{\alpha_{\text{Ox}}}{\alpha_{\text{Red}}}$$

$$\varphi_{\text{Ox/Red}}=\varphi_{\text{Ox/Red}}^{\ominus}+\frac{0.59}{n}\lg\frac{\alpha_{\text{Ox}}}{\alpha_{\text{Red}}}$$

上式可见，电对的电极电位与氧化剂和还原剂的浓度有关。由于溶液不是简单离子组成，要考虑离子强度。当溶液组成改变时，电对的氧化剂和还原剂的存在形式也往往随之变化，从而引起电极电位的变化。因此，用能斯特方程式计算有关电对的电极电位时，如果采用电对的标准电极电位，计算的结果与实际情况就会相差较大。因此，下面引进条件电极电位。

（2）条件电极电位 $\varphi^{\ominus}$

例如，计算HCl溶液中Fe(III)/Fe(II)体系的电极电位时，由能斯特公式得到

$$\varphi=\varphi^{\ominus}+0.59\lg\frac{\alpha_{\text{Fe}^{3+}}}{\alpha_{\text{Fe}^{2+}}}=\varphi^{\ominus}+0.59\lg\frac{\gamma_{\text{Fe}^{3+}}\left\{c\left(\text{Fe}^{3+}\right)/c^{\ominus}\right\}}{\gamma_{\text{Fe}^{2+}}\left\{c\left(\text{Fe}^{2+}\right)/c^{\ominus}\right\}}$$

但是在HCl溶液中，除了Fe^{2+}、Fe^{3+}外，还存在$FeOH^{2+}$、$FeCl^{2+}$、$FeCl_2^+$、

$FeCl^+$、$FeCl_2$、$FeCl_6^{3-}$、$FeCl^+\cdots$，若用 $c_{Fe^{3+}}$、$c_{Fe^{2+}}$ 分别表示溶液中三价态铁和二价态铁的总浓度，$\alpha_{Fe(III)}$、$\alpha_{Fe(II)}$ 分别表示HCl溶液中 Fe^{3+}、Fe^{2+} 的副反应系数，则

$$\alpha_{Fe(III)} = \frac{c_{Fe^{3+}}}{c\left(Fe^{3+}\right)}$$

$$c\left(Fe^{3+}\right) = \frac{c_{Fe^{3+}}}{\alpha_{Fe(III)}}$$

$$\alpha_{Fe(II)} = \frac{c_{Fe^{2+}}}{c\left(Fe^{2+}\right)}$$

$$c\left(Fe^{2+}\right) = \frac{c_{Fe^{2+}}}{\alpha_{Fe(II)}}$$

由此可得

$$\varphi = \varphi^{\ominus} + 0.059 l\,g\frac{\gamma_{Fe^{3+}} \cdot \alpha_{Fe(II)} \cdot c_{Fe(III)}}{\gamma_{Fe^{2+}} \cdot \alpha_{Fe(III)} \cdot c_{Fe(II)}} = \varphi^{\ominus} + 0.059 l\,g\frac{\gamma_{Fe^{3+}} \cdot \alpha_{Fe(II)}}{\gamma_{Fe^{2+}} \cdot \alpha_{Fe(III)}} + 0.059 l\,g\frac{c_{Fe(III)}}{c_{Fe(II)}}$$

当 $c_{Fe(III)} = c_{Fe(II)} = 1\ mol \cdot L^{-1}$ 时，上式变为

$$\varphi = \varphi^{\ominus} + 0.059 lg\frac{\gamma_{Fe^{3+}} \cdot \alpha_{Fe(II)}}{\gamma_{Fe^{2+}} \cdot \alpha_{Fe(III)}} = \varphi^{\ominus\prime}$$

则 $\varphi^{\ominus\prime}$ 称为条件电极电位后。在引入条件电极电位后，处理问题就比较实际。

因此

$$\varphi = \varphi^{\ominus\prime} + 0.059 lg\frac{c_{Fe(III)}}{c_{Fe(II)}}$$

一般通式为

$$\varphi_{Ox/Red} = \varphi^{\ominus}_{Ox/Red} + \frac{0.059}{n} lg\frac{c_{Ox}}{c_{Red}}$$

条件电极电位反映了离子速率与各种副反应的总结果，它的大小说明在外界因素影响下，氧化还原电对的实际氧化还原能力。应用条件电极电位比用标准电极电位能更正确地判断氧化还原反应的方向、次序和反应完成的程度。

（3）氧化还原平衡常数

氧化还原反应进行的程度，可通过氧化还原反应的平衡常数的数值求得和衡量。平衡常数K可用标准电极电位求得，实际中最好用条件电极电位求得，求得的平衡常数用K'表示。

氧化反应通式为

$$n_2 Ox_1 + n_1 Red_2 = n_2 Red_1 + n_1 Ox_2$$

有关电对反应为

$$Ox_1 + n_1 e = Red_1$$
$$Ox_2 + n_2 e = Red_2$$

氧化剂和还原剂两个电对的电极电位分别为

$$\varphi_1 = \varphi_1^{\ominus\prime} + \frac{0.059}{n_1} \lg \frac{c_{Ox_1}}{c_{Red_1}}$$

$$\varphi_2 = \varphi_2^{\ominus\prime} + \frac{0.059}{n_2} \lg \frac{c_{Ox_2}}{c_{Red_2}}$$

反应达到平衡时

$$\varphi_1 = \varphi_2$$

则

$$\varphi_1^{\ominus\prime} + \frac{0.059}{n_1} \lg \frac{c_{Ox_1}}{c_{Red_1}} = \varphi_2^{\ominus\prime} + \frac{0.059}{n_2} \lg \frac{c_{Ox_2}}{c_{Red_2}}$$

整理得到

$$\lg K' = \lg \left[\left(\frac{c_{Red_1}}{c_{Ox_1}} \right)^{n_2} \left(\frac{c_{Ox_2}}{c_{Red_2}} \right)^{n_1} \right] = \frac{\left(\varphi_1^{\ominus\prime} - \varphi_2^{\ominus\prime} \right) n_1 n_2}{0.059}$$

式中，K'为条件平衡常数，相应的浓度以总浓度代替。值的大小与 $n_{总} = n_1 n_2$、$\left(\varphi_1^{\ominus} - \varphi_2^{\ominus} \right)$ 的差值有关，$\Delta\varphi^{\ominus}$ 越大，K' 便越大。

（4）氧化还原反应的速率

有的反应从反应进行可能性考虑是可以的，但反应速率较慢，氧化剂与还原剂并没有反应发生。因此，必须考虑反应的现实性。

影响反应速率的因素。

①氧化剂、还原剂的性质。与它们的电子层结构、条件电位的差值、反应历程等因素有关。

②反应物浓度。反应物的浓度越大，反应速度越快。

③反应温度。对大多数反应，升高温度可提高反应速率。根据阿累尼乌斯理论，升高温度，不仅增加了反应物之间的碰撞几率，更重要的是增加了活化分子或活化离子的数目，所以提高了反应速率。

④催化剂。加入催化剂，降低活化能，提高反应速率，例如

$$2MnO_4^- + 5C_2O_4^{2-} + 16H^+ = 2Mn^{2+} + 10CO_2 + 8H_2O$$

上述反应，为了能准确滴定，首先两个反应物必须有足够的浓度，加

热溶液75～85℃，加入Mn^{2+}作为催化剂，酸性溶液，例如

$$MnO_4^- + 5Fe^{2+} + 8H^+ = Mn^{2+} + 5Fe^{3+} + 4H_2O$$

从反应物浓度考虑，在强酸（HCl）中进行，但Cl^-的存在会产生副反应，Cl^-被氧化成Cl_2，这样影响测定的准确度。更重要的是由于Fe^{2+}与MnO_4^-反应，会促使Cl^-与MnO_4^-的后一反应，这种现象称为诱导作用，后一反应称为诱导反应。但在MnO_4^-滴定过程中加入大量Mn^{2+}，能使MnO_4^-与Fe^{2+}在HCl浓度很低的情况下进行，抑制副反应发生，在实际中已经得到应用。

2.氧化还原滴定曲线

（1）氧化还原滴定曲线

在氧化还原滴定中，随着滴定剂的加入，氧化剂与还原剂及产物浓度不断改变，电对的电位随之不断改变。这种电位对加入滴定剂曲线称滴定曲线。滴定曲线可通过能斯特方程及实验方法测得。

用$0.100\,0\ mol \cdot L^{-1}\ Ce(SO_4)_2$标准溶液滴定20.00 mL $0.100\,0\ mol \cdot L^{-1}\ Fe^{2+}$溶液，溶液的酸度保持为$1\ mol \cdot L^{-1}\ H_2SO_4$。

滴定反应为

$$Ce^{4+} + Fe^{2+} = Ce^{3+} + Fe^{3+}$$

滴定前，Fe^{3+}、Ce^{3+}浓度不知道，电位无法计算。

滴定开始，溶液中存在Fe^{3+}/Fe^{2+}、Ce^{4+}/Ce^{3+}两个电对，此时有

$$\varphi_{Fe^{3+}/Fe^{2+}} = \varphi_{Fe^{3+}/Fe^{2+}}^{\ominus'} + 0.059\lg \frac{c_{Fe^{3+}}/c^{\ominus}}{c_{Fe^{2+}}/c^{\ominus}}$$

$$\varphi_{Ce^{4+}/Ce^{3+}} = \varphi_{Ce^{4+}/Ce^{3+}}^{\ominus'} + 0.059\lg \frac{c_{Ce^{4+}}/c^{\ominus}}{c_{Ce^{3+}}/c^{\ominus}}$$

例如，滴定Ce^{4+}溶液12.00 mL时，形成Fe^{3+}的物质的量=12.00×0.10=1.20 mmol，剩余Fe^{2+}的物质的量=8.00×0.10=0.8 mmol

$$\varphi_{Fe^{3+}/Fe^{2+}} = 0.68 + 0.059\lg \frac{1.2/32}{0.8/32} = 0.69\ V$$

当滴定$w(Fe^{2+})$=99.9%时全部生成Fe^{3+}，Fe^{2+}质量分数还剩0.1%时，则

$$\varphi_{Fe^{3+}/Fe^{2+}} = 0.68 + 0.059\lg \frac{99.9\%}{0.1\%} = 0.86\ V$$

化学计量点时电位为φ_{ap}，则有

$$\varphi_{ap} = \varphi_1^{\ominus'} + 0.059\lg \frac{c_{Ce^{4+}}/c^{\ominus}}{c_{Ce^{3+}}/c^{\ominus}}$$

$$\varphi_{ap} = \varphi_2^{\ominus'} + 0.059\lg \frac{c_{Fe^{3+}}/c^{\ominus}}{c_{Fe^{2+}}/c^{\ominus}}$$

达到平衡时，两电对的电位相等，两式相加为

$$2\varphi_{sp} = \varphi_1^{\ominus'} + \varphi_2^{\ominus'} + 0.059 \lg \frac{c_{Ce^{4+}} c_{Fe^{3+}}}{c_{Ce^{3+}} c_{Fe^{2+}}}$$

平衡时为

$$c_{Ce^{4+}} = c_{Fe^{2+}}; \quad c_{Ce^{3+}} = c_{Fe^{3+}}$$

$$\lg \frac{c_{Ce^{4+}} + c_{Fe^{3+}}}{c_{Ce^{3+}} + c_{Fe^{2+}}} = 0$$

$$\varphi_{sp} = \frac{\varphi_1^{\ominus'} + \varphi_2^{\ominus'}}{2}$$

对上述反应

$$\varphi_{ap} = \frac{\varphi_{Ce^{4+}/Ce^{3+}}^{\ominus'} + \varphi_{Fe^{3+}/Fe^{2+}}^{\ominus'}}{2} = \frac{0.68\ \text{V} + 1.44\ \text{V}}{2} = 1.06\ \text{V}$$

对于一般的反应

$$n_2 Ox_1 + n_1 Red_2 = n_2 Red_1 + n_1 Ox_2$$

$$\varphi_{ap} = \varphi_1^{\ominus'} + \frac{0.059}{n_1} \lg \frac{c_{Ox_1} / c^{\ominus}}{c_{Red_1} / c^{\ominus}}$$

$$\varphi_{ap} = \varphi_2^{\ominus'} + \frac{0.059}{n_2} \lg \frac{c_{Ox_2} / c^{\ominus}}{c_{Red_2} / c^{\ominus}}$$

$\varphi_{ap} = \varphi_1^{\ominus'} + \dfrac{0.059}{n_1} \lg \dfrac{c_{Ox_1} / c^{\ominus}}{c_{Red_1} / c^{\ominus}}$ 式乘以 n_1，$\varphi_{ap} = \varphi_2^{\ominus'} + \dfrac{0.059}{n_2} \lg \dfrac{c_{Ox_2} / c^{\ominus}}{c_{Red_2} / c^{\ominus}}$ 式乘以 n_2，然后相加，得

$$(n_1 + n_2) \varphi_{ap} = n_1 \varphi_1^{\ominus'} + n_2 \varphi_2^{\ominus'} + 0.059 \lg \frac{c_{Ox_1} c_{Ox_2}}{c_{Red_1} c_{Red_2}}$$

从反应式可知

$$\frac{c_{Ox_1}}{c_{Red_2}} = \frac{n_2}{n_1}; \frac{c_{Ox_2}}{c_{Red_1}} = \frac{n_1}{n_2}$$

$$\lg \frac{c_{Ox_1} c_{Ox_2}}{c_{Red_1} c_{Red_2}} = 0$$

故

$$\varphi_{ap} = \frac{n_1 \varphi_1^{\ominus'} + n_2 \varphi_2^{\ominus'}}{n_1 + n_2}$$

化学计量点后由 Ce^{4+} 过量0.1%时，电极电位决定

$$\varphi_{Ce^{4+}/Ce^{3+}} = \varphi_{Ce^{4+}/Ce^{3+}}^{\ominus\prime} + 0.059 \lg \frac{c_{Ce^{4+}}}{c_{Ce^{3+}}} = 1.44 + 0.059 \lg \frac{0.1}{100} = 1.26 \text{ V}$$

从计算可见，该滴定反应电极电位突跃区间0.86～1.26 V，有明显的电位突跃。

氧化剂滴定曲线，常用滴定时介质的不同改变电位量和突跃的长短，特别是可能生成配合物，使突跃区间产生变化。从电位突跃区间，可以选择指示剂确定滴定终点，指示剂变色范围要处在突跃区间，一般在化学计量点电位的附近。

（2）氧化还原滴定中的指示剂与终点误差

氧化还原滴定过程中，除了用电位法滴定终点外，还用指示剂在物质计量点附近颜色的改变来指示滴定终点。常用的指示剂有以下几种类型。

①自身指示剂

某些标准溶液或被滴定的物质本身有颜色，滴定时反应后颜色变为无色或浅色，滴定时无需另外加入指示剂。

②显色指示剂

有的物质本身不具有氧化还原性，本身无特征颜色。例如可溶性淀粉与游离碘生成深黄色络合物的反应，当 I_2 被还原为 I^- 时，深黄色消失，当 I^- 被氧化为 I_2，蓝色出现，例如常用的碘量法。

③氧化还原指示剂

氧化还原指示剂本身是有氧化还原性质的有机化合物，它的氧化性和还原性具有不同颜色，当氧化态变为还原态，或由还原态变为氧化态，根据颜色的突变来指示终点。如果用 In_{Ox} 和 In_{Red} 分别表示指示剂的氧化态和还原态，则

$$In_{Ox} + ne = In_{Red}$$

$$\varphi = \varphi_{In}^{\ominus} + \frac{0.059}{n} \lg \frac{c(In_{Ox})/c^{\ominus}}{c(In_{Red})/c^{\ominus}}$$

当 $c(In_{Ox})/c(In_{Red}) \leq 1/10$ 时，溶液显现还原态 In_{Red} 的颜色，此时

$$\varphi \leq \varphi_{In}^{\ominus} + \frac{0.059}{n} \lg \frac{1}{10} = \varphi_{In}^{\ominus} - \frac{0.059}{n}$$

当 $c(In_{Ox})/c(In_{Red}) \geq 10$ 时，溶液显现氧化态的颜色，此时

$$\varphi \geq \varphi_{In}^{\ominus} + \frac{0.059}{n} \lg 10 = \varphi_{In}^{\ominus} + \frac{0.059}{n}$$

故指示剂变色的电位范围为

$$\varphi^{\ominus} \pm \frac{0.059}{n}\text{V}$$

实际应用时，由于介质温度，其他副反应用条件电极电位更确切，故指示剂变色电位范围为

$$\varphi^{\ominus\prime} \pm \frac{0.059}{n}\text{V}$$

当 $n=1$ 时，指示剂变色电位范围为

$$\varphi^{\ominus\prime} \pm 0.059\text{V}$$

当 $n=2$ 时，指示剂变色电位范围为

$$\varphi^{\ominus\prime} \pm 0.030\text{V}$$

由于滴定终点与化学计量点存在条件电位差 ΔE ， n_1 、 n_2 分别为得、失电子数， $\Delta E^{\ominus\prime\prime} = \varphi_1^{\ominus\prime} - \varphi_2^{\ominus\prime}$ ，则滴定误差为

$$E_t = \frac{10^{n_1\Delta E/0.059} - 10^{-n_2\Delta E/0.059}}{10^{n_1 n_2 \Delta E^{\ominus\prime}/(n_1+n_2)0.059}}$$

3.氧化还原滴定法中的预处理

在氧化还原滴定中，通常将待测组分氧化为高价态，或还原为低价态后，再进行滴定。例如将 Mn^{2+} 在酸性条件下氧化为 MnO_4 ，然后用 Fe^{2+} 直接滴定，这种预处理应符合下列要求。

①反应进行完全，速度快；

②过量氧化剂或还原剂易于除去；

③反应具有一定的选择性。

4.常见几种氧化还原滴定法

根据使用滴定剂的名称，将分成几种氧化还原滴定法。常用的氧化剂有 $KMnO_4$ 、 $K_2Cr_2O_7$ 、 I_2 、 $KBrO_3$ 、 $Ce(SO_4)_2$ 等。

（1）高锰酸钾法

高锰酸钾法是一种强氧化剂，在强酸溶液中，存在反应为

$$MnO_4^- + 8H^+ + 5e = Mn^{2+} + 4H_2O; \quad \varphi^{\ominus} = 1.51 \text{ V}$$

在微酸性、中性或弱碱性溶液中，存在下列反应，即

$$MnO_4^- + 2H_2O + 3e = MnO_2 + 2OH^-; \quad \varphi^{\ominus} = 0.59 \text{ V}$$

在强碱性溶液中，很多有机物与 MnO_4^- 反应，即

$$MnO_4^- + e = MnO_4^{2-}; \quad \varphi = 0.564\text{V}$$

MnO_4^- 溶液的配制和标定：

市售的高锰酸钾常含有少量杂质和少量 MnO_2 ，而且蒸馏水中也常含有微量还原性物质，它们可与 MnO_4^- 反应而析出 $MnO(OH)_2$ 沉淀，因此不能采

用直接法配制准确浓度的标准溶液。所以，通常先配制成一近似浓度的溶液，然后进行标定。

标定MnO_4^-溶液的基准物质，可选用$Na_2C_2O_4$、$H_2C_2O_4 \cdot 2H_2O$和纯铁丝等。其中草酸钠不含结晶水，容易提纯，是最常用的基准物质，在H_2SO_4溶液中，反应为

$$2MnO_4^- + 5C_2O_4^{2-} + 16H^+ = 2Mn^{2+} + 10CO_2 \uparrow + 8H_2O$$

（2）重铬酸钾法

重铬酸钾法，指在酸性条件下与还原剂作用，$Cr_2O_7^{2-}$被还原为Cr^{3+}，即

$$Cr_2O_7^{2-} + 14H^+ + Ce^- = 2Cr^{3+} + 7H_2O；\quad \varphi^{\ominus} = 1.33 \text{ V}$$

重铬酸钾法也有直接法和间接法之分，采用氧化还原指示剂，如二苯胺磺酸钠等。应该指出，$K_2Cr_2O_7$有毒，使用时应该注意废液的处理，以免污染环境。

重铬酸钾法应用实例——铁的测定。重铬酸钾法测定铁有下列反应

$$6Fe^{2+} + Cr_2O_7^{2-} + 14H^+ = 6Fe^{3+} + 2Cr^{3+} + H_2O$$

试样一般用HCl加热分解，在热的浓HCl溶液中，用SnO_2将$Fe(III)$还原为$Fe(III)$。过量的$SnCl_2$用$HgCl_2$氧化，此时溶液中析出Hg_2Cl_2丝状的白色沉淀。在$1 \sim 2 \text{ mol} \cdot L^{-1}$ H_2SO_4–H_3PO_4混合酸介质中，以二苯胺磺酸钠作指示剂，用$K_2Cr_2O_7$标准溶液$Fe(II)$。

H_3PO_4的作用与Fe^{3+}生成$Fe(HPO_4)_2^-$无色络合物，降低Fe^{3+}/Fe^{2+}电对电位。滴定突跃范围增大，$Cr_2O_7^{2-}$与Fe^{2+}的反应也更完全。

（3）碘量法

碘量法是利用I_2的氧化性来进行滴定的方法，其反应为

$$I_2 + 2e = 2I^-$$

I_2溶解度小，实际应用时将I_2溶解在KI溶液里，以I_3^-形式存在，即I_3^-滴定是基本反应，即

$$I_3^- + 2e = 3I^-；\varphi^{\ominus} = 0.545 \text{ V}$$

I_2是较弱的氧化剂，能与较强的还原剂作用，而I^-是中等强度的还原剂，能与许多的氧化剂作用。碘量法可用直接和间接两种方法进行。

铜铁中硫转化为SO_2，可用I_2直接滴定，淀粉作指示剂

$$I_2 + SO_2 + 2H_2O = 2I^- + SO_4^{2-} + 4H^+$$

直接碘量法还可以测定As_2O_3、$Sn(III)$等还原性物质。间接碘量法是将I^-加入到氧化剂$K_2Cr_2O_7$、K_2MnO_4、H_2O_2等物质中，可定量氧化反应析出I_2，例如

$$2MnO_4^- + 10I^- + 16H^+ = 2Mn^{2+} + 5I_2 + 8H_2O$$

析出I_2用NaS_2O_3溶液滴定，即

$$I_2+2S_2O_3^{2-}=2I^-+S_4O_6^{2-}$$

I_2 和 NaS_2O_3 的反应需在中性或弱酸性溶液中进行。在强碱性溶液中 I_2 会发生歧化反应，即

$$3I_2+6OH^-=IO_3^-+5I^-+3H_2O$$

I^- 在酸性溶液中多为空气中氧所氧化，即

$$4I^-+4H^++O_2 ===2I_2+2H_2O$$

滴定时，防止 I_2 的挥发，有时使用碘瓶，不要剧烈搅动，以减少 I_2 的挥发。

5.2.4 沉淀滴定法

1.概述

沉淀滴定法是基于沉淀反应的滴定分析法。沉淀反应很多，但能用于准确沉淀滴定的沉淀反应并不多。主要是很多沉淀的组成不恒定，溶解度较大，易形成过饱和溶液，或达到平衡的速率慢，或共沉淀严重。因此，用于沉淀滴定法的沉淀反应必须符合下列几个条件。

①沉淀物溶解度必须很小，生成的沉淀具有恒定的组成。

②沉淀反应速率大，定量完成。

③用适当的指示剂确定终点。

目前，应用得较广泛的是生成难溶银盐的反应，例如

$$Ag^++Cl^-=AgCl\downarrow$$

$$Ag^++SCN^-=AgSCN\downarrow$$

我们一般将这类以反应为基础的沉淀滴定法称为银量法，主要用于测定 Cl^-、Br^-、I^-、Ag^+ 及 SCN^- 等。

除了银量法，还有其他的沉淀反应，如

$$2K_4Fe(CN)_6+3Zn^{2+}=K_2Zn_3c(Fe(CN)_6)_2\downarrow+6K^+$$

$$NaB(C_6H_5)_4+K^+=KB(C_6H_5)_4\downarrow+Na^+$$

也可用于沉淀滴定法。

本节讨论银量法。银量法又分为直接法和返滴定法。直接法是用 $AgNO_3$ 标准溶液直接滴定被沉淀的物质。返滴定法是在测定 Cl^- 时，首先加入过量的 $AgNO_3$ 标准溶液，然后以铁铵矾指示剂，用 NH_4SCN 标准溶液返滴定过量的 Ag^+。

2.用铬酸钾作指示剂——莫尔法

用铬酸钾作指示剂的银量法称为"莫尔法"。

（1）方法原理

在含有Cl⁻的中性或弱碱性溶液中，以K_2CrO_4作指示剂。用$AgNO_3$溶液滴定Cl⁻。由于AgCl溶解度比Ag_2CrO_4小，根据分步沉淀的原理，AgCl首先沉淀。当AgCl沉淀完全后，过量的一滴$AgNO_3$溶液与K_2CrO_4生成砖红色的Ag_2CrO_4沉淀，即为滴定终点。反应分别为

$$Ag^+ + Cl^- = AgCl\downarrow（白色）$$

$$2Ag^+ + CrO_4^{2-} = Ag_2CrO_4\downarrow（砖红色）$$

（2）滴定条件

由上两反应式可见，指示剂Ag_2CrO_4浓度过高过低，会引起滴定误差。因此，必须确定Ag_2CrO_4的最佳浓度。从理论上可以计算出化学计量点所需的CrO_4^{2-}浓度。

①K_2CrO_4溶液的浓度

根据溶度积原理

$$\left\{c\left(Ag^+\right)/c^\ominus\right\}\left\{c\left(Cl^-\right)/c^\ominus\right\} = K_{sp}\cdot AgCl = 1.56\times10^{-10}$$

②化学计量点时

$$c\left(Ag^+\right) = c\left(Cl^-\right)$$

$$c\left(Ag^+\right)^2 = 1.56\times10^{-10}$$

$$c\left(Ag^+\right) = 1.25\times10^{-5}\ mol\cdot L^{-1}$$

若此时Ag_2CrO_4有砖红色沉淀，则

$$\left\{c\left(Ag^+\right)/c^\ominus\right\}^2\left\{c\left(CrO_4^{2-}\right)/c^\ominus\right\} = K_{sp}\cdot Ag_2CrO_4$$

$$c\left(CrO_4^{2-}\right) = \frac{K_{sp}\cdot Ag_2CrO_4}{\left\{c\left(Ag^+\right)\right\}^2} = \frac{9.0\times10^{-12}}{\left(1.25\times10^{-5}\right)^2} = 5.8\times10^{-2} mol\cdot L^{-1}$$

实际分析中，CrO_4^{2-}浓度约为$5\times10^{-3}\ mol\cdot L^{-1}$，因为$K_2CrO_4$为黄色，浓度较高时颜色较深，难判断砖红色沉淀的出现，因此指示剂浓度略低一些为好。

③溶液的酸度

用$AgNO_3$溶液滴定Cl⁻时，反应需在中性或弱性介质（pH=6.5～10.5）中进行。因为在酸性溶液中，可使Ag_2CrO_4沉淀溶解。即

$$Ag_2CrO_4 + H^+ = 2Ag^+ + HCrO_4^-$$

在强碱性或氨性溶液中，滴定剂会被碱分解或与氨生成络合物而使AgCl沉淀溶解，即

$$2Ag^+ + 2OH^- = Ag_2O + H_2O$$

$$AgCl+2NH_3 = c\left(Ag\left(NH_3\right)_2\right)^+ + Cl^-$$

所以如果试液为酸性或强碱性，可用酚酞作指示剂以稀$NaOH$或稀H_2SO_4溶液调节至酚酞的红色刚好褪去，也可用$NaHCO_3$、$CaCO_3$或$Na_2B_4O_7$等预先中和，然后再滴定。

④滴定时要充分摇荡

在化学计量点前，$AgCl$沉淀容易吸附溶液中过量的Cl^-，使Ag_2CrO_4沉淀过早出现，引入误差。为了消除这种误差，滴定时必须剧烈摇动，使被沉淀吸附的Cl^-释放出来，以获得准确的终点。测定Br^-时，$AgBr$吸附Br^-更严重，所以要注意剧烈摇动，减少误差。

（3）测定范围

①莫尔法主要测定氯化物中Cl^-或溴化物中Br^-，Cl^-和Br^-共存时，测定的是总量。

②不适用沉淀I^-和SCN^-，因为Ag^-的化合物强烈吸附这些阴离子。

③测定时，PO_4^{3-}、AgO_3^{3-}、CO_3^{2-}、S^{2-}、$C_2O_4^{2-}$等阴离子能与Ag^+生成沉淀，Ba^{2+}、Pb^{2+}等阳离子与CrO_4^{2-}能生成沉淀。弱碱性中，Fe^{3+}、Al^{3+}、Bi^{3+}、Sn^{4+}等离子发生水解，这些离子都有干扰，应预先将其分离。

3.用铁胺矾作指示剂——佛尔哈德法

（1）方法原理

用铁铵矾$c(NH_4Fe(SO_4)_2 \cdot 12H_2O)$作指示剂的沉淀滴定法称为佛尔哈德法，有直接滴定法和返滴定法两种。

①直接滴定法

在含有Ag^+的酸性溶液中，加入铁胺矾指示剂，用NH_4SCN（或$KSCN$）标准溶液直接进行滴定时，首先析出白色$AgSCN$沉淀。达到化学计量点时，过量的SCN^-与Fe^{3+}溶液生成红色$FeSCN^{2+}$络合物，即指示终点。因此，用直接滴定法可以测定银。

②返滴定法

用佛尔哈德法测定卤素时采用返滴定法，先加入已知过量的$AgSO_3$标准溶液，再以铁胺矾作指示剂，用NH_4SCN标准溶液返滴定剩余的Ag^+。因此，返滴定法可以测定Cl^-、Br^-、I^-和SCN^+等离子。

（2）滴定条件

①溶液的酸度

滴定反应要在HNO_3溶液中进行，HNO_3浓度以$0.2\sim0.5$ mol·L^{-1}较为适宜，在中性、碱性介质中，Fe^{3+}、Ag^+会生成沉淀。

②铁胺矾溶液浓度

50mL的浓度为$0.2 \sim 0.5$mol·L^{-1}HNO$_3$溶液，加入$1 \sim 2$mL质量分数为4%的铁胺矾溶液。

为了抑制$AgCI+SCN^- = AgSCN \downarrow + Cl^-$正向进行，必须在生成AgCl沉淀以后，煮沸凝聚、过滤、去除沉淀。用稀HNO$_3$充分洗涤沉淀，然后用NH$_4$SCN返滴Ag$^+$。或者在滴入NH$_4$SCN标准溶液前加入硝基苯$1 \sim 2$mL，在摇动后，AgCl沉淀进入硝基苯层中，使它不与滴定溶液接触，避免沉淀转化反应发生。

（3）应用范围

①佛尔哈德法在NHO$_3$介质中进行，PO$_4^{3-}$、AsO$_4^{3-}$、CrO$_4^{2-}$不生成Ag的化合物沉淀，因此此法选择性比莫尔法高。可测烧碱中Cl$^-$与银合金中银的质量分数。

②与SCN$^-$能起反应的Cu^{2+}、Hg^{2+}、强氧化剂，必须预先除去。

4.用吸附指示剂——法扬司法

吸附指示剂是一类有色的有机化合物，它被吸附在胶体微粒表面后，发生分子结构的变化，从而引起颜色的变化。用吸附指示剂指示滴定终点的银量法称为"法扬司法"。

胶体强烈吸附作用AgCl沉淀，若Cl$^-$过量，沉淀表面吸附Cl$^-$，使胶粒带负电荷，与阳离子组成扩散层。若Ag$^+$过量，则沉淀表面吸附Ag$^+$，使胶粒带正电荷，与阴离子组成扩散层。

吸附指示剂可分为两类：一类是酸性染料，如荧光黄及其衍生物，是有机弱酸，离解出指示剂阴离子，另一类是碱性燃料，甲基紫、罗丹明6G等离解出阳离子。例如，荧光黄HFI，表示在溶液中FI$^-$阴离子呈黄绿色。用荧光黄作为AgNO$_3$滴定Cl$^-$的指示剂时，在化学计量点以前，溶液中Cl$^-$过量，AgCl胶粒带负电荷，故FI$^-$不被吸附。在化学计量点后，过量AgNO$_3$使AgCl胶粒带正电荷。这时带正电荷的胶粒强烈地吸附FI$^-$，可能形成荧光黄银化合物，导致颜色发生变化，使沉淀表面呈淡红色，从而指示滴定终点。整个溶液由黄绿色变成淡红色。反应可写为

$$AgCl \cdot Ag^+ + FI^- \xrightarrow{\text{吸附}} AgCl \cdot Ag^+ \downarrow FI^-$$
$$\text{（黄绿色）} \qquad\qquad \text{（淡红色）}$$

为了使终点变色敏锐，应用吸附指示剂时，应考虑下面几个因素。

①由于吸附指示剂吸附在沉淀微粒表面上，因此应尽可能使沉淀颗粒小一些，具有较大的表面，滴定时防止AgCl凝聚。因此，加入糊精、淀粉与高分子化合物作为保护胶体，以防止AgCl沉淀凝聚。

②卤化银沉淀对光敏感，遇光易分解出银，使沉淀很快转变为灰黑

色。因此，滴定过程中应避免光照射。

③溶液浓度不能太稀，太稀沉淀很少，观察终点困难。用荧光黄作指示剂，$AgNO_3$溶液滴定Cl^-时，Cl^-的浓度要求在$0.005\ mol\cdot L^{-1}$以上。滴定Br^-、I^-、SCN^-，浓度为$0.001\ mol\cdot L^{-1}$时仍可准确滴定。

④根据不同吸附指示剂，不同的K_a来确定滴定溶液pH值。荧光黄$K_a=10^{-7}$时，pH=7~10；二氯荧光黄$K_a=10^{-4}$时，pH=4~10。

⑤胶体微粒对指示剂离子的吸附能力，应略小于对待测离子的吸附能力，但吸附能力太差，终点时变色也不敏锐。

5.2.5络合滴定法

络合滴定法是以络合反应为基础的滴定分析方法。络合反应除了滴定，还广泛用于其他方面。作为显色剂、萃取剂、沉淀剂、掩蔽剂都可利用络合剂的有关反应。本节综合介绍络合反应中有关平衡、酸效应系数、络合效应系数及条件平衡常数，并阐述络合滴定的基本原理。

1.EDTA络合滴定法基本原理

在络合滴定中，最常见的络合剂为EDTA（乙二胺四乙酸），可用H_4Y表示。通常用二钠盐$Na_2H_2Y\cdot 2H_2O$表示，溶解度较大，22℃时，100 mL水可溶解11.1g。此时溶液的浓度约为$0.3\ mol\cdot L^{-1}$，pH=4.4。

（1）EDTA的离解平衡

当酸度较高时，H_4Y两个羟基可再接受H^+，生成H_6Y^{2-}，这样EDTA在水溶液里存在六级离解平衡，即

$$H_6Y^{2-}=H^++H_5Y^+;\quad K_{a1}=\frac{\{c(H^+)/c^\ominus\}\{c(H_5Y^+)/c^\ominus\}}{\{c(H_6Y^{2-})/c^\ominus\}}=10^{-0.9}$$

$$H_5Y^+=H^++H_4Y;\quad K_{a2}=\frac{\{c(H^+)/c^\ominus\}\{c(H_4Y)/c^\ominus\}}{\{c(H_5Y^+)/c^\ominus\}}=10^{-1.6}$$

$$H_4Y=H^++H_3Y^-;\quad K_{a3}=\frac{\{c(H^+)/c^\ominus\}\{c(H_3Y^-)/c^\ominus\}}{\{c(H_4Y)/c^\ominus\}}=10^{-2.0}$$

$$H_3Y^-=H^++H_2Y^{2-};\quad K_{a4}=\frac{\{c(H^+)/c^\ominus\}\{c(H_2Y^{2-})/c^\ominus\}}{\{c(H_3Y^-)/c^\ominus\}}=10^{-2.67}$$

$$H_2Y^{2-}=H^++HY^{3-}; \quad K_{a5}=\frac{\left\{c\left(H^+\right)\big/c^{\ominus}\right\}\left\{c\left(HY^{3-}\right)\big/c^{\ominus}\right\}}{\left\{c\left(H_2Y^{2-}\right)\big/c^{\ominus}\right\}}=10^{-6.16}$$

$$HY^{3-}=H^++Y^{4-}; \quad K_{a6}=\frac{\left\{c\left(H^+\right)\big/c^{\ominus}\right\}\left\{c\left(Y^{4-}\right)\big/c^{\ominus}\right\}}{\left\{c\left(HY^{3-}\right)\big/c^{\ominus}\right\}}=10^{-10.26}$$

在EDTA水溶液中，总是以H_6Y^{2-}、H_5Y^+、H_4Y、H_3Y^-、H_2Y^{2-}、HY^{3-}和Y^{4-}等7种形式存在。在不同的值条件下，各种存在形式的浓度是不相同的。

在pH<1的强酸性溶液中，主要以H_6Y^{2-}形式存在；pH为2.67～6.16的溶液中，主要以H_2Y^{2-}形式存在；pH>10.26碱性溶液中，主要以Y^{4-}的形式存在。

（2）EDTA的副反应系数和条件稳定常数

EDTA的副反应系数首先考虑EDTA的酸效应和酸效应系数$\vartheta_{Y(H)}$。EDTA的酸效应与酸效应系数$\vartheta_{Y(H)}$由于EDTA与H^+的反应，使Y的平衡浓度降低，主反应络合下降，这种由于H^+存在使配位体参加主反应能力降低的现象，称为酸效应。其大小用酸效应系数$\vartheta_{Y(H)}$来描述。$\vartheta_{Y(H)}$表示EDTA各种存在形式的总浓度$c(Y')$与能起络合反应的平衡浓度$c(Y)$之比，即

$$\alpha_{Yc(H)}=\frac{c\left(Y'\right)}{c\left(Y\right)}$$

ϑ越大，$c(Y)$越小，$c(H^+)$形成的副反应越小，如果pH>13，可认为$\vartheta=1$，溶液中都可近似为以$c(Y^{4-})$形式存在。在其他pH范围里，$\vartheta_{Y(H)}$可用下面公式计算

$$\alpha_{Yc(H)}=\frac{c\left(Y'\right)}{c\left(Y\right)}$$
$$=1+\beta_1 c\left(H^+\right)+\beta_2 c\left(H^+\right)^2+\beta_3 c\left(H^+\right)^3+\beta_4 c\left(H^+\right)^4+\beta_5 c\left(H^+\right)^5+\beta_6 c\left(H^+\right)^6$$

$c(H^+)$越大，$\vartheta_{Y(H)}$越大，酸效应系数随溶液酸度增加而增大。

2.EDTA络合滴定曲线

在络合滴定中，若被滴定的是金属离子，则随着络合滴定剂的加入，金属离子不断被络合，其浓度不断减少。与其他滴定类似，在化学计量点附近pM值（$-1gc(M)$）发生突变，利用适当的方法，可以指示终点，完成滴定。将pM−EDTA加入量绘制的滴定曲线来标示。对EDTA滴定，金属离了在滴定介质中，不水解，也不易与其他络合剂络合，仅考虑EDTA的酸效应，并先求出条件稳定常数，然后计算pM突变范围。

3.金属离子指示剂

络合滴定中，判断滴定终点的方法有多种，其中最常用的是用金属指示剂判断滴定终点的方法。

（1）金属离子指示剂的作用原理

通常利用一种能与金属离子生成有机络合物的显色剂来指示滴定过程中金属离子浓度的变化，这种显色剂称为金属离子指示剂，简称金属指示剂。金属离子指示剂与被滴定金属离子反应，形成一种与指示剂本身颜色不同的络合物，如

M-铬黑T+EDTA=M-EDTA+铬黑T
酒红色　　　　　　　　蓝色

一般来说，金属离子指示剂应具备下列条件。

①在滴定pH范围内MIn与In的颜色应显著不同。

②指示剂与金属离子形成的有色络合物要有适当的稳定性。既要有足够的稳定性，又要比该金属离子的EDTA络合物的稳定性小。如果稳定性太低，终点会提前出现，如果稳定性太高，有可能使EDTA不能夺取其中的金属离子，显色反应失去可逆性，得不到滴定终点。

③显色反应灵敏、迅速，有良好的可逆变色反应。

（2）常用金属离子指示剂的选择

最常见的指示剂有铬黑T、二甲酚橙、钙指示剂、PAN等。指示剂在计量点附近有敏锐的颜色变化，但有时达到化学计量点后，过量EDTA不能夺取金属指示剂有色络合物中的金属离子，因而使指示剂在化学计量点附近没有颜色变化，这种现象称为指示剂封闭现象。可适当加入掩蔽剂消除其他离子与指示剂作用，加入过量EDTA，然后进行返滴定，避免指示剂的封闭现象。也可以加入适当的有机溶剂，增大其溶解度，使颜色变化敏锐。或者适当加热，加快置换速度，使指示剂变色较明显。

4.络合滴定及其应用

（1）直接滴定法

将试样处理成溶液后，调节pH值，加入指示剂，直接进行滴定。采用直接滴定法，必须符合下列条件。

①被测离子浓度c_M与条件稳定常数$\lg c_M K'_{MY} \geq 6$。

②络合反应速度快。

③有变色敏锐的指示剂，没有封闭现象。

④被测离子不发生水解和沉淀反应。

（2）间接滴定法

有些金属离子和非金属离子不与EDTA络合或生成的络合物不稳定，可

·131·

以采用间接滴定法。测定Na^+，可生成醋酸铀酰锌KCL,将沉淀分离、洗净、溶解后，用EDTA滴定Zn^{2+}，从而间接求出Na^+。

（3）返滴定

加入过量的EDTA标准溶液，待络合或沉淀完全后，用其他金属离子标准溶液返滴定过量的EDTA。测定Al^{3+}时，先加入一定量过量的EDTA标准溶液，在pH=3.5时，煮沸溶液，生成稳定的AlY^-络合物。络合完全后，调节pH=5~6，加入二甲酚橙，即可顺利地用Zn^{2+}标准溶液进行返滴定。

（4）置换滴定法

利用置换反应，置换出等物质的量的另一金属离子，或置换出EDTA，然后滴定。例如，滴定Ag^+时，先将Ag^+加入到$Ni(CN)_4^{2-}$溶液中，则

$$2Ag^+ + Ni(CN)_4^{2-} = 2Ag(CN)_2^- + Ni^{2+}$$

pH=10的氨性溶液中，以紫脲酸铵作指示剂，用EDTA滴定置换出来的Ni^{2+}即可求得Ag^+的含量。又如测定Ca^{2+}、Zn^{2+}等离子共存时的Al^{3+}，可先加入过量EDTA，并加热使其生成络合物，调整pH=5.6，以PAN作指示剂，用铜标准溶液滴定过量的EDTA。再加入NH_4F使AlY^-转变为更稳定的络合物$AlFe_6^{3-}$，置换出EDTA，再用铜盐标准溶液滴定。

5.混合离子的分别滴定

混合离子如何进行分别滴定，可由下面几种方法解决。

（1）分别滴定

两种金属M、N都与Y生成络合物MY、NY，$lgK = lgK_{MY} - lgK_{NY} = 5$时，$c_M = c_N$，就可进行分别滴定。有时通过控制pH来达到分别滴定。例如$lgK_{FeY} = 25.1$，$lgK_{AlY} = 16.3$，$\triangle lgK = 25.1 - 16.3 = 8.8 > 5$，可以滴定$Fe^{3+}$，共存$Al^{3+}$没有干扰，滴定$Fe^{3+}$时允许最小pH约为1，考虑$Fe^{3+}$的水解，pH范围为1~2.2。

（2）掩蔽滴定

掩蔽方法所用反应类型不同，可分为络合掩蔽法、沉淀掩蔽法和氧化还原掩蔽法。

①络合掩蔽法

例如，用EDTA滴定水中的Ca^{2+}、Mg^{2+}时，Fe^{3+}、Al^{3+}等离子的存在对测定有干扰。加入三乙醇胺使之与Fe^{3+}、Al^{3+}生成更稳定的络合物，则Fe^{3+}、Al^{3+}被掩蔽而不能发生干扰，Al^{3+}有时用NH_4F掩蔽，生成稳定的$AlFe_6^{2-}$络离子。

②沉淀掩蔽法

例如Ca^{2+}、Mg^{2+}两种离子共存的溶液中，加入NaOH溶液，使pH>12，则Mg^{2+}生成的$Mg(OH)_2$沉淀，用钙指示剂可用EDTA滴定钙。

③氧化还原掩蔽法

例如，用EDTA滴定Bi^{3+}、Zr^{4+}、Th^{4+}等离子时，Fe^{3+}干扰，可加入抗坏血酸或羟胺等，将Fe^{3+}还原成Fe^{2+}。Fe^{2+}-EDTA稳定常数小，难以络合。常用的还原剂有抗坏血酸、羟胺、联胺、硫脲、半胱氨酸等。

（3）解蔽后滴定

在滴定铜合金中Cu^{2+}、Zn^{2+}、Pb^{2+}三种离子，测定Zn^{2+}和Pb^{2+}时，用氨水中和试液，加KCN，以掩蔽Cu^{2+}、Zn^{2+}两种离子。Pb^{2+}不被掩蔽，加酒石酸，pH=10，用铬黑T作指示剂，用EDTA滴定Pb，然后加入甲醛或三氯乙醛作解蔽剂，发生解蔽反应，即

$$c\left(Zn(CN)_4\right)^{2-} + 4HCHO + 4H_2O = Zn^{2+} + 4H_2C\!-\!\!\!\underset{\displaystyle OH}{\overset{\displaystyle |}{CN}} + 4OH^-$$

释放出的Zn^{2+}，再用EDTA继续滴定。

（4）分离后滴定

控制酸度或掩蔽干扰离子都有困难，只进行分离。例如，Ca^{2+}、Ni^{2+}测定，须先进行分离。又如磷矿石中一般含Fe^{3+}、Al^{3+}、Ca^{2+}、Mg^{2+}、PO_4^{3-}及F^-等离子，F^-严重干扰，必须首先加酸、加热，使F^-成为HF挥发除去。

5.3 质量分析法研究

质量分析法是通过称量物质的质量进行测定的方法。测定时，通常先用适当的方法使被测组分与其他组分分离，然后称重，由称得的质量计算该组分的含量。根据被测组分与试样中其他组分分离的方法不同，质量分析法可分为沉淀质量分析法、气化法（或挥发法）、电解法等。

5.3.1 沉淀质量分析法

这种方法是使待测组分以生成难溶化合物的形式沉淀出来，再经过过滤、洗涤、干燥后称重，计算待测组分含量。例如，测定硅酸盐矿石中二氧化硅时，就是将矿石分解后，使硅生成难溶的硅酸沉淀，再经过过滤、洗涤、灼烧，转化为二氧化硅，然后称重，即可求出试样中二氧化硅的含量。

5.3.2气化法

一般是通过加热或其他方法使试样中被测组分转化为挥发物质逸出，然后根据试样质量的减少来计算试样中该组分的含量，或选择适宜的吸收剂将逸出的该组分的气体全部吸收，根据吸收剂质量的增加来计算该组分的含量。例如，测定试样含水量时，就是加热使水变为水蒸气挥发掉，然后根据试样质量的减轻计算样品的含水量，也可将逸出的水蒸气吸收在干燥剂中，根据干燥剂增加的质量求得试样的含水量。

5.3.3电解法

电流通过物质而引起化学变化的过程。化学变化是物质失去或获得电子（氧化或还原）的过程。电解过程是在电解池中进行的。电解池是由分别浸没在含有正、负离子的溶液中的阴、阳两个电极构成。电流流进负电极（阴极），溶液中带正电荷的正离子迁移到阴极，并与电子结合，变成中性的元素或分子；带负电荷的负离子迁移到另一电极（阳极），给出电子，变成中性元素或分子。 在物理学中的，我们都知道，物质是由分子组成的，分子是由原子组成的，原子是由原子核及围绕其旋转的电子组成，得到电子时显负电性，失去电子时显正电性，我们把正负电子运动现象称为离子现象。

5.4 吸光光度法研究

5.4.1光度分析法概述

吸光光度法是基于物质对光的选择性吸收而建立的分析方法，包括比色法、紫外—可见分光光度法及红外光谱法等。

分子从外界吸收能量后，就能引起分子能级的跃迁，即从基态能级跃迁到激发态能级。分子吸收能量具有量子化的特征，即分子只能吸收两个能级之差的能量，并符合跃迁规律。

$$\Delta E = E_2 - E_1 = h v = h c / \lambda$$

由于跃迁 ΔE 不同，使分子处在不同波长范围发射式吸收。

【例5.10】电子能级跃迁能量差$\Delta E=2$ eV，计算相应的波长。

解：

$$h = 6.624 \times 10^{-34} \text{J} \cdot \text{s} = 4.136 \times 10^{-15} \text{ eV} \cdot \text{s}$$

$$c = 2.998 \times 10^{10} \text{ cm} \cdot \text{s}^{-1}$$

$$\lambda = \frac{hc}{\Delta E} = \frac{4.136 \times 10^{-15} \times 2.998 \times 10^{10}}{2} \text{ cm} = 6.20 \times 10^{-5} \text{ cm} = 620 \text{ nm}$$

该波长620 nm，处在可见光区。由于分子能级间隔很小。因此，分子光谱是一种带状光谱（图5-3）。

图5-3为苯的紫外吸收光谱（乙醇中），吸收波长在180~280 nm，为$KMnO_4$吸收波长在400~680 nm。通常溶液无色的只能是紫外吸收，如果溶液有色，除了可见光吸收外，也可能存在紫外吸收，色素、染料曲线就属于紫外—可见光吸收曲线。

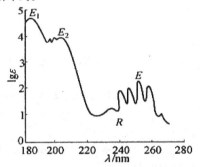

图5-3　苯的紫外吸收光谱曲线（乙醇中）

5.4.2光度分析法基本原理

1.吸收光谱——颜色的产生

当入射光束照射到均匀溶液时，光的反射近似忽略。如果用一束白光如钨灯光通过某一有色溶液时，一些波长的光被溶液吸收，另一些波长的光则透过。波长200~400 nm范围的光称为紫外光。人眼能感觉到的波长大约在400~750 nm之间，称为可见光。白光或日光是一种混合光，是由红、橙、黄、绿、青、蓝、紫等各种色光按一定比例混合而成的。不同波长的光呈现出不同的颜色，溶液的颜色由透射光的波长所决定。透射光和吸收光混合而成白光，故称这两种光为互补光，两种颜色称为互补色。例如，$KMnO_4$溶液呈紫红色，是由于吸收白光中的绿光而呈紫红色。

以上简单地说明了物质呈现的颜色是物质对不同波长的光选择吸收的结果。将不同波长的光透过某一固定浓度和厚度的有色溶液，测量每一波长下有色溶液对光的吸收程度（即吸光度），以波长为横坐标，吸光度为纵坐标作图，即可得一曲线。这种曲线描述了物质对不同波长、光的吸收能力，称为吸收曲线或吸收光谱（图5-4）。

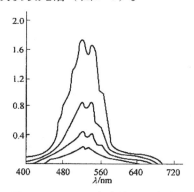

图5-4　KMnO₄溶液的光吸收曲线

从图5-4可以看出：

①KMnO₄溶液的光吸收曲线为带状光谱。

②KMnO₄溶液最大吸收波长λ_{max}=525nm，相当于吸收绿色光。

③四种浓度不同，在$c_1 \sim c_4$浓度范围内，峰的形状相似，最大吸收波长不变。

④浓度不同，在不同波长处吸光度不同，其实吸光度法定量就根据浓度越大，吸光度就越大，两者成正比关系。

⑤可以根据峰的形状定性。

2.比色与吸光光度法的特点

比色法就是利用颜色的深浅来定量，可用眼睛来判断，称目视比色法。但误差大，准确度低。用光度计来测定，克服人眼判断不准的弊端，更具有准确性。仪器比色和分光光度法主要应用于测定试样中微量组分的含量，它们具有以下特点。

①灵敏度高。可测定试样中1%~10⁻³%的微量组分，甚至可测定10⁻⁴%~10⁻⁵%的痕量组分。

②准确度较高。一般比色法相对误差为5%~10%，分光光度法则为2%~5%。对微量、痕量已完全能满足要求。精密分光光度计测量，误差可减少至1%~2%。但用于常量组分的测定，准确度低于质量法和滴定法。

③应用广泛。几乎所有的无机离子和许多有机化合物都可以直接或间接地用比色法或光度法进行测定。

④操作简单、快捷，仪器设备也不复杂。由于新的显色剂和掩蔽剂出现，常可不经分离就能直接进行比色或分光光度测定。

⑤应用计算机数值计算。可测得多组分物质含量，使光度法具有巨大的吸引力，已广泛应用于化工、医学、环境。生命科学、材料工程等领域里的多组分的测定及光谱特性研究。

3.光吸收的基本定律——朗伯—比耳定律

（1）朗伯—比耳定律

当一束平行单色光通过任何均匀、非散射的固体、液体或气体介质时，光的一部分被吸收，一部分透过溶液，一部分被器皿的表面反射。当表面反射可忽略时，入射光强，I_0 等于吸收光强度 I_a 与透过光强度 I_t 之和，即

$$I_0 = I_a + I_t$$

透过光强度 I_t 与入射光强度 I_0 之比称为透光率或透光度，即

$$T = \frac{I_t}{I_0}$$

溶液的透光率越大，表示它对光的吸收越小。相反，透光率越小，对光的吸收越大。事实证明，溶液对光的吸收强度与溶液浓度、液层厚度及入射光波长等因素有关。如果入射光波长不变，则溶液对光的吸收程度只与溶液的浓度和层厚有关。朗伯和比耳分别于1760年和1852年研究了光的吸收与溶液液层的厚度及溶液浓度的定量关系，称为朗伯—比耳定律，即

$$A = \lg \frac{I_0}{I} = abc$$

式中，a 称为吸光系数，$L \cdot g^{-1} cm^{-1}$。A 为吸光度，无因次量，b 以 cm 为单位，c 以 $g \cdot L^{-1}$ 表示。如果 c 以 $mol \cdot L^{-1}$ 为单位，那么此时的吸光系数称为摩尔吸光系数，用 ε 表示，单位为 $L \cdot mol \cdot L^{-1} cm^{-1}$，改写成

$$A = \varepsilon bc$$

ε 是吸光物质在特定波长和溶剂的情况下的一个特征常数，当 $c = 1$ $mol \cdot L^{-1}$，$b = 1$ cm 时，吸光度 A 可作为定性鉴定的参数，可用 ε 估量定量方法的灵敏度。ε 越大，灵敏度越高。实验计算的 ε 常以被测物总浓度代入，因此计算的 ε 值实际上表现为摩尔吸光系数。ε 与 a 的关系为

$$\varepsilon = Ma$$

式中，M 为物质的摩尔质量。

（2）偏离朗伯—比耳定律的原因

图5-5称标准曲线或工作曲线，发现成直线只能在一定的浓度区间。当浓度比较高时，明显地看到直线成弯曲的情况。这种情况称为偏离朗伯—比耳定律。偏离的原因来自两个方面，一是来自仪器方面的，二是来自溶液方面的。

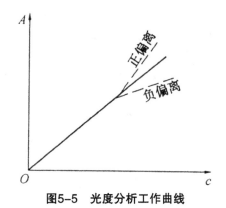

图5-5 光度分析工作曲线

①非单色光引起的偏离。朗伯—比耳定律只适用于单色光，但由于仪器所提供的是波长范围较窄的光带组成的复合光，由于物质对不同波长光吸收程度不同，而引起对朗伯—比耳定律的偏离。为了方便起见，假设入射光仅有 λ_1 和 λ_2 两种光组成，两种波长符合朗伯—比耳定律，对 λ_1 吸光度为

$$A_1 = \lg \frac{I_{01}}{I_1} = \varepsilon_1 bc$$

$$I_1 = I_{01} 10^{-\varepsilon_1 bc}$$

对 λ_2 吸光度为

$$A_2 = \lg \frac{I_{02}}{I_2} = \varepsilon_2 bc$$

$$I_2 = I_{02} 10^{-\varepsilon_2 bc}$$

因入射光总强度 $I_0 = I_{01} + I_{02}$，透射光强度，$I = I_1 + I_2$。所以整个谱带系统可表示为

$$A = \lg \frac{(I_{01} + I_{02})}{(I_1 + I_2)} = \lg \frac{(I_{01} + I_{02})}{\left(I_{01} 10^{-\varepsilon_1 bc} + I_{02} 10^{-\varepsilon_2 bc}\right)}$$

当 $\varepsilon_1 = \varepsilon_2$ 时，上式 $A = \varepsilon bc$，A 与 c 成直线，如果 $\varepsilon_1 \neq \varepsilon_2$，$A$ 与 c 不成直线。并且可见 ε_1 与 ε_2 差别越大，直线偏离越大。因此，实际中选用一束吸光度随波长变化不大的复合光作入射光来进行测量，由于 ε 变化不大，所引起的偏离就小，标准曲线上成直线。所以比色分析不严格使用很纯的单色光，而是使用一束包含一定波长范围的光谱带通入溶液，在选择波长时，往往选择极大吸收波长，即 $A-\lambda$ 曲线波峰处，能使 $A-c$ 在很宽的浓度范围成线性。若选择 A 变化较大的谱带，则误差较大。$A-c$ 曲线会出现明显的弯曲。因此，实际操作时选择在最大吸收波长处测吸光度。这样不仅保证测定有较高的灵敏度，而且由于此处的吸收曲线较平坦，ε_1、ε_2 相差不大，偏离朗伯—比耳定律是较小的。

②化学因素引起的偏离。被测试样是胶体溶液、乳状液或悬浮物质时，出现光的散射现象而损失，使透光率减少，实测吸光度增加，导致偏离朗伯—比耳定律。溶液中的吸光物质常用离解、缔合、形成新化合物或其他物质改变浓度，导致偏离。例如，重铬酸钾在水溶液中存在如下平衡，即

$$Cr_2O_7^{2-}+H_2O=2H^++2CrO_4^{2-}$$

　　　橙色　　　　　　　　　　　黄色

如果稀释溶液或增大 pH，就变成 CrO_4^{2-}，化学成分发生变化，引起偏离。另一种偏离，在浓度高时，直线出现弯曲。由于吸收组分粒子间的平均距离减少，以致每个粒子产生作用，使电荷分布产生变化，由于相互作用的程度与浓度有关，随浓度增大，吸光度与浓度关系偏离线性关系。所以比耳定律适用于稀溶液。

5.4.3 显色反应与测量条件的选择

1.显色反应的选择

显色反应可分为两大类，即络合反应和氧化还原反应，而络合反应是最主要的显色反应。同一组分常可与多种显色剂反应，生成不同的有色物质，如何选用何种显色反应，应考虑以下几方面。

①选择性好、干扰少或干扰易消除。

②灵敏度高，光度法一般用于微量组分的测定，因此选择灵敏的显色反应。一般来说值为 $10^4 \sim 10^5$ 时，可认为该反应灵敏度较高。

③有色化合物与显色剂之间的颜色差别要大，这样显色时颜色变化鲜明，试剂空白较小。通常把两种有色物质最大吸收波长之差称为"对比度"，一般要求 $\triangle AI > 60 \ nm$。

④反应生成的有色化合物组成恒定，化学性质稳定，至少保证在测量过程中溶液的吸光度变化小。有色化合物不容易受外界环境条件的影响，也不受溶液中其他化学因素的影响。

2.显色条件的选择

吸光光度法测定显色反应达到平衡后溶液的吸光度，了解影响显色反应的因素，控制显色条件，使显色反应完全和稳定。

（1）显色剂用量

显色反应一般可用下式表示，即

　　　　　　　M　　　　+　　　R　　　=　　　MR

　　　　被测组分　　　显色剂　　　有色化合物

为了保证显色反应尽可能地进行完全，一般需加入过量显色剂。但显色剂不能太多，否则会引起副反应，显色剂用量常通过实验来确定。显色剂用量对显色反应的影响，一般有三种可能的情况。

随着显色剂浓度的增加，试液的吸光度也不断增加，当显色剂浓度达到某一数值时，吸光度趋于恒定，平坦部分出现。显色剂浓度继续增大时吸光度反而下降。因此必须严格控制显色剂量。如$M_0(SCN)_5$与SCN^-的反应，即

$$M_0(SCN)_3^{2+} \longrightarrow M_0(SCN)_5 \longrightarrow M_0(SCN)_6^-$$

　　　浅红　　　　　橙红　　　　　浅红

吸光光度测定$M_0(SCN)_5$的吸光度，SCN^-太低，太高吸光度都降低，所以必须用移液量准确量取显色剂的量。当显色剂的浓度不断增大时，试液吸光度不断增大。例如，$c(Fe(SCN)_n)^{3-n}$随着n的增加，溶液颜色由橙黄变至血红色。这种情况，必须严格控制显色剂的量，测定结果才能准确。

（2）酸度

酸度对显色反应的影响有以下几个方面。

①酸度影响显色剂平衡浓度和颜色。大多数显色剂是有机弱酸，在溶液中存在下列平衡，即

$$HR = H^+ + R^-$$

$$nR^- + M^{n+} = MR_n（有色化合物）$$

酸度改变，影响R^-浓度，从而影响生成MR_n的浓度，也可能影响n的数目，引起颜色的改变，一种离子与显色剂反应的适宜酸度范围，通过实验来确定。作A-pH关系曲线，选择曲线平坦部分pH为测定条件。

②影响被测离子的存在状态，金属离子在不同pH条件下，显示不同的水解产物。Al^{3+}在不同pH条件下，可生成$Al(H_2O)_6^{3+}$、$Al(H_2O)_5OH^{2+}$等氢氧基络离子。pH再增高，可水解成碱式盐或氢氧化物沉淀，这样严重影响显色反应。

③影响络合物的组成，对某些生成逐级络合物的显色反应，酸度不同络合物的络合比就不同，其颜色也不同。

（3）显色温度

大多数的显色反应在室温下就能进行。但是，有的反应必须加热，才能使显色反应速度加快，才能完成发色，有的有色物质温度偏高时又容易分解。因此，对不同反应，通过实验找出各自的适宜温度范围。

（4）显色时间

有些显色反应速度很快，溶液颜色很快达到稳定状态，并在较长时间内保持不变。有的显色反应很快，但放置一段时间容易褪色，有的显色反应很慢，放置一段时间后才稳定。因此，根据实际情况，确定最合适的时

间进行测定。

（5）干扰的消除

在显色反应中，共存离子会影响主反应的显色，干扰测定，消除干扰，可采用下列方法。

①选择适当的显色条件以避免干扰。例如磺基水扬酸测定Fe^{3+}时，Cu^{2+}与试剂形成络合物，干扰测定，控制pH=2.5，Cu^{2+}不与试剂反应。

②加入络合掩蔽剂或氧化还原掩蔽剂，使干扰离子生成无色络合物或无色离子。通常Fe^{3+}、Al^{3+}可加入NH_4F掩蔽，形成Fe_6^{3-}、Al_6^{3-}络合物。测定$M_0(VI)$时也可$SnCl_2$加入或抗坏血酸等将Fe^{3+}还原为Fe^{2+}而避免SCN^-作用。

③分离干扰离子。可采用测定、离子交换或溶剂萃取等分离方法除去干扰离子。

3.显色剂

（1）无机显色剂

无机显色剂在光度分析中应用不多，主要原因是生成的络合物不稳定，灵敏度与选择性也不高。目前，常用的有硫氰酸盐、钼酸铵和过氧化氢等数种。

（2）有机显色剂

大多数有机显色剂常与金属离子生成稳定的螯合物，显色反应的选择性和灵敏度都较高。通过萃取，可进行萃取光度法。

有机显色剂中一般都含有生色团和助色团。生色团常含有不饱和键基团，能吸收大于200 nm光的波长。例如，偶氮基（—N＝N—）、羰基（＞C＝O）、硫羰基（＞C＝S）、硝基（—NO$_2$）、亚硝基（—N＝O）等。另外，一些含有孤对电子的基团，它们与生色团上的不饱和键相互作用，可以影响有机化合物对光的吸收，使颜色加深，这些基团称为助色团。例如，胺基–N̈H$_2$、RN̈H–或R$_2$N̈、羟基–ÖH等。

有机显色剂的类型、品种非常多，下面介绍两类常用的显色剂。

①偶氮类显色剂

这类显色剂分子中含有偶氮基。凡含有偶氮结构的有机化合物都是带色的物质。若与芳烃相连，邻位有—OH、—COOH、—N=时，可产生络合反应，从而显色。根据连接在氮基两边的芳香基团以及络合基团不同，可得到一类品种繁多的显色剂。偶氮类显色剂具有性质稳定、显色反应灵敏、选择性好等优点，是目前应用最广泛的一类显色剂。特别适用于铀、钍、锆等元素以及稀土元素总量的测定。PAR在不同条件下与很多金属离子生成红色或紫红色可溶于水的络合物，用于银、汞、镓、铀、铌、钒、锑等元素的比色测定。PAR三元络合物也较多。

②三苯甲烷类显色剂

它也是一种应用很广泛的分析试剂，种类也很多。基本构型为

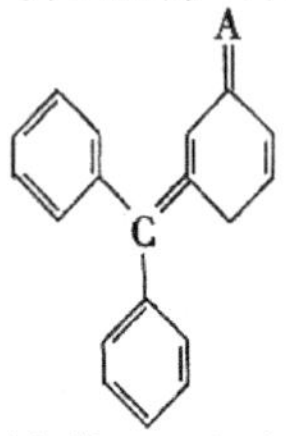

如铬天青S、二甲酚橙、结晶紫和罗丹明B等都属于此类显色剂。铬天青S的结构式为

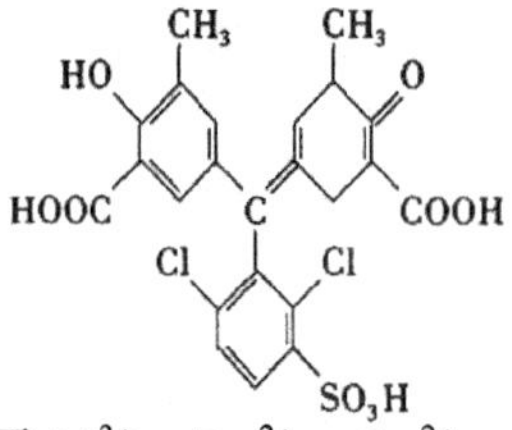

铬天青与许多金属离子Al^{3+}、Be^{2+}、Co^{2+}、Cu^{2+}、Fe^{3+}及Ga^{3+}等及阳离子表面活性剂如氯化十六烷基三甲基胺（CTMAC）、溴化十六烷基吡啶（CPB）等形成三元络合物，其摩尔吸光系数ε值可达$10^4 \sim 10^5$数量级，广泛应用于吸光光度测定。铬天青常用来测定铍和铝。如结晶紫属三苯甲烷类碱性染料，常用于测定铊。

4.多元络合物

多元络合物是由三种或三种以上的组分所形成的络合物。目前，应用较多的是由一种金属离子与两种配位体所组成的络合物，一般称为三元络合物。

三元络合物在分析化学中，尤其在吸光光度分析中，应用较为普遍。下面介绍几种重要的三元络合物类型。

（1）三元混配络合物

金属离子与一种络合剂形成未饱和络合物，然后与另一种络合剂结合，形成三元混合配位络合物，简称三元混合络合物。例如，Ti-EDTA-H_2O_2、V-H_2O_2-PAR形成1：1：1三元络合物，可用于测定Ti与V。具有以下特点。

元络合物比较稳定，可提高分析测定的准确度。

②三元络合物对光有较大的吸收容量，所以进行光度测定时它比二元络合物具有更高的灵敏度和更大的对比度。例如，V-H_2O_2，$\varepsilon=2.7 \times 10^2$，灵敏度太低。而V-$H_2O_2$-PAR，$\varepsilon=1.4 \times 10^4$，最大吸收波长移至540 nm。灵敏度提高很大，利用表面活性剂所形成的三元络合物，灵敏度提高1~2倍，

有时甚至提高5倍以上。

③形成三元络合物的显色反应比二元体系具有更高的选择性。因为二元络合物中，一种配体可与多种金属离子产生类似的络合反应，而当体系中形成三元络合物时，减少了金属离子形成类似络合物的可能性。例如，铌和钽都可与邻苯三酚生成二元络合物，但在草酸介质中，钽能生成钽—邻苯三酚—草酸三元络合物，铌则不形成类似的三元络合物，提高了反应的选择性。

（2）离子缔合物

金属离子首先与络合剂生成络阴离子或络阳离子，然后再与带相反电荷的离子生成离子缔合物。与三元混配络合物不同的是，第一个配位体往往已使金属离子的配位满足。但重金属离子的电荷未被完全补偿，因此可与带相反电荷的离子缔合，形成离子缔合物。这类化合物主要应用于萃取光度测定。

例如，Ag^+与1,10-二氮菲（phen）形成$c(Ag-(phen)_2)^+$阳离子与溴邻苯三酚红(BPR)阴离子$c(BPR)^{4-}$形成深蓝色的离子缔合物$c(Ag-(phen)_2)_2c(BPR)^{2-}$。用于$F^-$、$H_2O_2$、EDTA做掩蔽剂，可在pH=3~10测定微量$Ag^+$，灵敏度比二苯硫腙法高一倍，选择性也好。

作为离子缔合物的阳离子，有碱性染料、1,10-二氮菲及其衍生物、安替比林及其衍生物、氯化四苯砷（或磷、锑）等，作为阴离子，有X^-、SCN^-、ClO_4^-、无机杂多酸和某些酸性染料等。

（3）金属离子—络合剂—表面活性剂体系

稀土元素与二甲酚橙在pH=5.5~6形成红色螯合物，灵敏度不高，如溴化十六烷基吡啶（CPB）参加反应，生成稀土：二甲酚橙：CPB=1：2：2（或1：2：4）的三元络合物，pH=8~9时呈蓝紫色，灵敏度提高数倍，适于痕量稀土元素总量的测定。常用的这类反应的表面活性剂有溴化十六烷基吡啶（CPB）、氯化十四烷基二甲基苄胺（Zeph）、氯化十六烷基三甲基胺、溴化十六烷基三甲基铵、溴化羟基十二烷基三甲基胺、OP乳合剂等。

（4）杂多蓝

溶液在酸性的条件下，过量的钼酸盐与磷酸盐、硅酸盐、砷酸盐等含氧的阴离子作用生成杂多酸，可测定磷、硅、砷等元素。通常的12-杂多钼酸型中生成的杂多酸阴离子形式是$c(PMo_{12}O_{40})^{3-}$或$c(P(Mo_3O_{10})_4)^{3-}$，中心原子是P、Si等，Mo原子通过氧原子配位。12-杂多钼酸中有12个Mo原子环绕着P中心原子排列。在适当的还原剂下，杂多酸能被还原为一种可溶的蓝色化合物，称为杂多蓝。杂多蓝含有Mo(V)和Mo(VI)，而且是组成不定的混合价络合物。很多还原剂可应用于杂多蓝法中，如氯化亚锡及某些有机还原剂。

　　杂多蓝法需要十分正确小心地控制反应条件。在一定的钼酸浓度下，若酸度过低，钼酸则也会被还原成钼蓝。若酸度过高，则杂多蓝颜色不稳定，说明还原反应的酸度范围较窄，需很好控制。

　　（5）光度测量误差和测量条件的选择

　　为了使光度法有较高的灵敏度和准确度，除了要注意选择和控制适当的显色条件外，还必须选择和控制适当的吸光度测量条件。应考虑以下几点。

　　①吸光度读数范围的选择，在不同吸光度范围内读数对测定带来不同程度的误差。推证如下，即

$$A = \lg \frac{I_0}{I} = \varepsilon bc$$

或

$$A = -\lg T = \varepsilon bc$$

将上式微分，得

$$-\mathrm{d}\lg T = -0.434\mathrm{d}\ln T = \frac{-0.434}{T}\mathrm{d}T = \varepsilon bdc$$

两式相除，得

$$\frac{\mathrm{d}c}{c} = \frac{0.434}{T\lg T}\mathrm{d}T$$

或写成近似值

$$\frac{\Delta c}{c} = \frac{0.434}{T\lg T}\Delta T$$

浓度相对误差与ΔT、$(T\lg T)^{-1}$成正比，ΔT误差$\pm 0.2\% \sim \pm 2\%$，基本不变，要使$\frac{\Delta c}{c}$最小，$T\lg T$最大。

例如$\frac{\mathrm{d}T\lg T}{\mathrm{d}T} = 0$，求$T$的极值。

$$\frac{0.434\mathrm{d}T\ln T}{\mathrm{d}T} = 0.434 \times \left(\ln T + T \times \frac{1}{T}\right) = 0$$

$$\ln T = -1；2.303\lg T = -1$$
$$\lg T = -0.434；T = 0.368$$
$$A = -\lg T = -\lg 0.368 = 0.434$$

　　可见，当透光率为36.8%或吸光度为43.4%时，浓度测量的相对标准偏差最小。一般说来，当透光率为15%~65%（吸光度为0.2~0.8）时，浓度测

量的相对标准偏差都不太大。这就是吸光光度分析中比较适宜的吸光度范围。

②入射光波长的选择，入射光的波长应根据吸收光谱曲线，选择波长等于被测物质的最大吸收波长的光作为入射光，这称为"最大吸收原则"。因为不仅在此波长处摩尔吸光系数值最大，测定具有较高的灵敏度，而且，在此波长处的一个较小范围内，吸光度变化不大，偏离朗伯—比耳定律的程度减少，具有较高的准确度。

③参比溶液的选择，在测量吸光度时，利用参比溶液来调节仪器的零点，消除吸收池器壁及溶剂对入射光的反射和吸收带来的误差。

当试液及显色剂均无色时，可用蒸馏水作参比溶液。如果显色剂为无色，而被测试液中存在其他有色离子，可用被测试液作参比溶液。当显色剂略有吸收时，可在试液中加入适当掩蔽剂将待测组分掩蔽后再加显色剂，以此溶液作参比溶液。

在实验中，有时标准曲线不通过原点或不成直线，这种原因是多方面的。一般来说，只要偏离不大，仍然可以用于分析。当然，首先搞清楚偏离原因。有的参比溶液选择不当，两个吸收池厚度不一样，吸收池透光面不清洁及络合物离解等原因。

5.4.4吸光光度分析的方法和仪器

1.目视比色法

用眼睛比较溶液颜色的深浅以测定物质含量的方法，称为目视比色法。常用的目视比色法是标准系列。用一套比色管（容量有10 mL、25 mL、50mL及100mL等几种），先配制不同浓度的比色液置于比色管中，置于刻度位置，作为标准色阶。同时，将未知溶液用同样的显色步骤及同样的试剂量进行显色，然后从管口垂直向下观察，也可以从比色管侧面观察，若试液与标准系列中某溶液的颜色深度相同，则这两个比色管中溶液的浓度相等，若试液的颜色介于这两个标准溶液的浓度之间，则浓度可取两浓度的平均值。

目视比色法的优点是仪器简单，操作简便，适宜于大批试样分析和炉前分析。比色管内液层厚，使很稀的有色溶液也能目视测定。即使不严格服从朗伯—比耳定律，在准确度要求不高的常规分析中也能广泛应用。标准系列的目视比色法缺点是准确度较差，相对误差约为5% ~ 20%。

2.光度分析法

采用滤光片获得单色光，用光电比色计测定溶液的吸光度以进行定量分析的方法称为光电比色法。如果采用棱镜或光栅等单色器获得单色光，使用分光光度计进行测定的方法称为分光光度法。它们统称为光度分析法。

与目视比色法比较，光电比色法具有下述优点。

①用光电池进行光电信号测定，提高准确度。

②可通过采用适当的滤光法或适当的参比溶液来消除干扰，因而提高了选择性。

分光光度法具有以下特点。

①入射光纯度较高的单色光，可以得到十分精确的吸收光谱曲线。选择最合适的波长进行测定，使更符合朗伯—比耳定律，线性范围更大，仪器精密，准确度较高。

②由于吸光度的加合性，可以测定溶液中的两种或两种以上的组分。由于借助于现代计算机的各种算法如神经网络、遗传算法等，可以同时测出多组分以上的溶液浓度。

③由于入射光的波长范围扩大，许多无色物质只要在紫外、红外光区域内有吸收峰，都可以进行光度测定。

3.光度计的基本部件

分光光度计一般按工作波长分类。紫外—可见分光光度法主要用于无机物和有机物含量的测定，红外分光光度主要用于结构分析。近十年来，也用来分析多组分的有机混合成分。

国产721型分光光计是目前实验室普遍使用的简易型可见分光光度计，其光学系统，如图5-6所示。

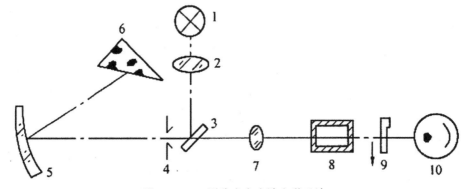

图5-6　721型分光光度计光学系统

1—光源；2—聚光镜；3—反射镜；4—狭缝；5—准直镜；
6—棱镜；7—小聚光镜；8—比色器；9—光门；10—光电管

尽管光度计的种类和型号繁多，但它们都是由下列部件组成的，即

光源 → 单色器 → 吸收池 → 检测系统

现将各部件的作用及性能介绍如下，以便正确使用各种仪器。

（1）光源

紫外可见分光光度计，要求光源发出所需波长范围光谱连续达到一定的强度，在一定时间内稳定。

紫外区，采用氢灯或氘灯产生180~375 nm的连续光谱作为光源。可见光区测量时通常使用钨丝灯为光源。钨丝发出的白炽灯波长为320~2 500 nm的连续光谱，要配上稳压电源，工作温度2 600~2 870 K，温度增高时，光强增加，但会影响灯的寿命。

红外光谱仪中所用的光源通常是一种惰性固体，用电加热使之发射高强度连续红外辐射。常用的有能斯特灯和硅碳棒两种。发出的波长为0.78~300μm。能斯特灯是由氧化锆、氧化钇和氧化钍烧结制成，中空棒或实心棒，两端绕有铂丝作为导线。使用时加热800℃。硅碳棒是两端粗中间细的实心棒，中间为发光部分。

（2）单色器

将光源发出的连续光谱分解为单色光的装置，称为单色器。单色器由棱镜或光栅等色散元件及狭缝和透镜等组成，还有滤光片作为单色器。

①滤光片。常用的滤光片由有色玻璃片制成，只允许和其他颜色相同的光通过，得到是近似单色光，10~30 nm宽的范围。选择滤光片原则，滤光片最易透过的光应是有色溶液最易吸收的光。滤光片和溶液的颜色应该是互补色。

②棱镜光。通过入射狭缝，经透镜以一定角度射到棱镜上，由于棱镜产生折射而色散。移动棱镜或移动出射缝的位置，就可使所需波长的光通过狭缝照射到试液上。使用棱镜可得到纯度较高的单色光，半宽度5~10 nm，可以方便地改变测定波长。所以分光光度法的灵敏度、选择性和准确度都较光电比色法高。使用分光光度计可测定吸收光谱曲线和进行多组分试样的分析。棱镜材料根据光的波长范围选择不同材料。可见分光光度计选用玻璃棱镜，紫外—可见和近红外分光光度计选用石英棱镜，因为玻璃对紫外、红外都吸收。红外分光光度计，选用岩盐或萤石棱镜，如LiF、KBr、CsI等。

③光栅。适用于紫外和可见光区的光栅，通常有1mm刻有600~1 200条平行、等距离的线槽，这样可以引起光线色散。光栅作为色散元件具有许多独特的优点。它可用的波长范围较宽，从几十纳米到几千纳米。而棱镜仅为600~1 200 nm，它的色散近乎线性，而棱镜为非线性。

（3）吸收池

亦称比色皿，盛放试液，能透过所需光谱范围内的光线。可见光适用耐腐蚀的玻璃比色皿，紫外光用石英比色皿，红外光谱仪则选用能透红外线的萤石。

（4）检测器

测量吸光度时，是将光强度转换成电流进行测量，这种电光转换器件称为检测器。常见的光电比色计及可见光分光光度计常使用硒光电池或光电管作检测器，采用检流计及数字转换直接读数。

①光电池。常用的硒光电池，当光照射到光电池上时，半导体硒表面有电子逸出，产生负电，背面为正极，产生电位差。两面之间接上检流计，就会有光电流通过，这种光电元件称为光电池。除硒光电池外，还有氧化亚铜、硫化银、硫化铊和硅光电池等。入射光越强，光电流就越大。光电池的优点是结实、便宜、使用方便，不需外加电源就可连接到微安计或检测计，可直接读出光电流读数。缺点是响应速度相对较慢，不适于检测脉冲光束，内阻小，难以把输出放大，若干年内硒层逐渐变态老化。

②光电管。光电管是一个阳极和一个光敏阴极组成的真空二极管，阴极是金属制成的半圆筒体，内侧涂有一层光敏物质，当它被足够能量的光子照射时，能够发射电子，两极间有电位差。发射出的电子就流向阳极而产生电流，电流大小与照射光的强度成正比。尽管光电流是光电池的1/4，但光电管有很高内阻，这样以较大的电压输出，再进行放大。

光电管根据不同的光敏材料使用于不同的波长。CsO光电管用于625～1 000 nm波长范围，锑铯光电管用于200～625 nm波长范围。光电管的响应时间很短，一般在10^{-8}s以内，可用来检测脉冲光束。

③光电倍增管。光电倍增管是检测弱光常用的光电元件，灵敏度比光电管高200多倍。光电倍增管由光阴极和多级的二次发射电极所组成。放大倍数为10^6～10^7倍，响应时间10^{-8}～10^{-9}s级。光电倍增管的光电流和光强间的线性关系很宽，但光强度过大时就呈现弯曲。

④红外检测器。由于红外光谱区的光子能量较弱，不足以引致光电子发射。常用的红外检测器有真空热电偶、热释电检测器和汞镉碲检测器。由于红外线的照射，使检测器产生温差现象，温差可转变为电位差，温度升高引起极化强度变化，最后用电压或电流方式进行测量。

（5）检流计

通常使用悬镜或光点反射检流计测量光电流，灵敏度10^9A/格。测量时可读百分透光度和吸光度。

5.4.5 光度法应用

1.紫外—可见分光光度法

紫外可见分光光度法应用很广泛，不仅用来进行定量分析，而且可以用来进行定性鉴定及结构分析，还可以测定化合物的物理化学数据。例如配合物的组成、稳定常数和酸碱电离子常数以及相对分子质量。

（1）定性分析

以紫外可见吸收光谱鉴定有机化合物时，通常在相同的测定条件下，比较未知物与标准物的光谱图，可以定性。利用紫外–可见分光光度法测定未知结构时，一般有两种方法，一是比较吸收光谱曲线，二是比较最大吸收波长，然后与实测值比较。吸收光谱曲线的形状、吸收峰的数目以及最大吸收波长的位置和相对的摩尔吸收常数，是定性鉴定的依据。λ_{max} 和 ε_{max} 是定性的主要参数。

（2）有机化合物分子结构的推断

根据化合物的紫外及可见区吸收光谱可以推测化合物所含的官能团。例如，化合物在 220～800 nm 范围内无吸收峰，它可能是脂肪族碳氢化合物、胺、晴、醇、羧酸、氯化烃和氟化烃，不含双键或环状共轭体系，没有醛、酮或溴、碘等基团。如果在 210～250 nm 范围内有强吸收带，可能含有 2 个双键的共轭单位，在 260～350 nm 范围内有强吸收带，表示有 3～5 个共轭单位。

（3）纯度检查

例如，苯在 256 nm 处有吸收带，检定甲醇或乙醇中杂质苯若在 256 nm 处有吸收，判断有杂质苯的存在，甲醇或乙醇在此波长无吸收。

（4）络合物组成及稳定常数的测定，

分光光度法是研究溶液中配合物的组成、配位平衡和测定配合物稳定常数的有效方法之一。

摩尔比率法，设配位物的配合反应为

$$mM + nR = M_mR_n$$

固定金属离子浓度 c_M，改变络合剂浓度 c_R，在选定的条件和波长下，测定一系列吸光度 A，以 A 对 c_R 作图。

曲线的转折点对应的摩尔比 $c_M : c_R = m : n$，即为该配合物的组成比。

当配合物稳定性差，配合物解离使吸光度下降，曲线的转折点敏锐时，作延长线。两延长线的交点向横轴作垂线，即可求出组成比。根据这一特点还可测定配合物的不稳定常数。令配和物不离解时在转折处的浓度

为$c(c=c_M/m)$，配和物的解离度为α，则平衡时各组分的浓度为
$$c(M_mR_n)=(1-\alpha)c;\quad c(M)=m\alpha c;\quad c(R)=n\alpha c$$
则配合物的稳定常数
$$K=\frac{\{c(M_mR_n)/c^\ominus\}}{\{c(M)^m/c^\ominus\}\{c(R)^n/c^\ominus\}}=\frac{\{c(1-\alpha)c/c^\ominus\}}{\{c(m_\alpha c)/c^\ominus\}^m\{c(n_\alpha c)/c^\ominus\}^n}=\frac{1-\alpha}{m^m n^n \alpha^{m+n}c^{m+n-1}}$$
$$\alpha=\frac{A_0-A'}{A_0}$$

式中，A'是实验测得的吸光度，A_0是用外推法求得吸光度，通过代入便可计算出K值。这一方法仅适用于体系中只有配合物有吸收的情况，而且对解离度小的配合物可以得到满意的结果，尤其适宜于组成比高的配合物。

（5）酸碱离解常数的测定

如果一种有机化合物的酸性官能团或碱性官能团是生色团一部分，物质的吸收光谱随溶液的pH值而改变，且可从不同的pH值时吸光度测定离解常数。

（6）相对分子质量测定

根据光吸收定律，可得化合物相对分子质量M_r与其摩尔吸收系数ε、吸光度A及质量m、容积V之间的关系为
$$A=\varepsilon bc=\varepsilon b\frac{\dfrac{m}{M_r}}{V}$$
$$M_r=\frac{\varepsilon bm}{VA}$$

此式表明，当测得一定质量的化合物吸光度后，只要知道摩尔吸光系数，即可求得相对分子质量。在紫外–可见吸收光谱中，只要化合物具有相同生色骨架，其吸收峰的λ_{max}和ε_{max}几乎相同。因此，只要求出与待测物有相同生色骨架的已知化合物的ε值，根据式子即可求出待测化合物的相对分子质量。

（7）多组分分析

应用分光光度法，常常不能在同一试样溶液中不进行分离而测定一个以上的组分。例如，两组分光谱曲线不重叠时找λ_1，X有吸收，Y不吸收；在另一波长λ_2，Y有吸收，X不吸收，这可以分别在波长λ_1、λ_2时，测定组分X、Y而相互不干扰。

当吸收光谱重叠，找出两个波长，在该波长下两组分的吸光度差值$\triangle A$较大，在波长λ_1、λ_2时测定吸光度A_1和A_2，由吸光度值的加和性解联立方程
$$\begin{cases}A_1=\varepsilon_{X1}bc_X+\varepsilon_{Y1}bc_Y\\A_2=\varepsilon_{X2}bc_X+\varepsilon_{Y2}bc_Y\end{cases}$$

式中，c_X、c_Y为X、Y的浓度；ε_{X1}、ε_{Y1}为X、Y在波长λ_1时的摩尔吸光系数；ε_{X2}、ε_{Y2}为X、Y在波长λ_2时的摩尔吸光系数。摩尔吸光系数可用X、Y的纯溶液在两种波长处测得，联立方程求解可得c_X、c_Y。

如果是三组分以上溶液求解方程就显得困难，可用计算机解多元联立方程。目前正在研究化学计量算法，利用神经网络、遗传算法、小波分析法等可求解五组分以上混合溶液浓度。该方法具有准确、分析速度快等优点，现在正处在研究与实际分析应用中。

（8）氢键强度的测定

$n \to \pi^*$吸收带在极性溶剂中比在非极性溶剂中的波长短一些。在极性溶剂中，分子间形成氢键，实现$n \to \pi^*$跃迁时，氢键也随之断裂，此时，物质吸收的光能，一部分用于实现$n \to \pi^*$跃迁，另一部分用于破坏氢键。而在非极性溶剂中，不可能形成分子间氢键，吸收的光能仅为实现$n \to \pi^*$跃迁，故所吸收的光波的能量较低，波长较长。由此可见，只要测定同一化合物在不同极性溶剂中的$n \to \pi^*$跃迁吸收带，就能计算其在极性溶剂中氢键的强度。

例如，在极性溶剂水中，丙酮的$n \to \pi^*$吸收带为264.5 nm，其相应能量为452.96 kJ·mol^{-1}，在非极性溶剂乙烷中，该吸收带为279 nm，其相应能量等于429.40 kJ·mol^{-1}，所以丙酮在水中形成的氢键强度为452.96–429.40=23.56 kJ·mol^{-1}。

（9）光度滴定

光度测量可用来确定滴定的终点。光度滴定通常都是用经过改装的在光路中可插入滴定容器的分光光度计或光电比色计来进行的。例如，用EDTA连续滴定Bi^{3+}和Cu^{2+}的终点。在745 nm处，Bi^{3+}–EDTA无吸收，加入EDTA后Bi^{3+}先络合，第一化学计量点前吸光度不发生变化。随着EDTA加入，Cu^{2+}–EDTA开始形成，铜络合物在此波长处产生吸收，故吸光度不断增加。到达化学计量点后再增加EDTA，吸光度不再发生变化。很明显，滴定曲线可得到两个确定的终点。

光度滴定法确定终点，方法灵敏，并可克服目视滴定中的干扰，而且实验数据是在远离计量点的区域测得的，终点是由直线外推法得到的，所以平衡常数较小的滴定反应，也可用光度法进行滴定。光度法滴定可用于氧化还原、酸碱、络合及沉淀等各类滴定中。

2.红外吸收光谱法应用

（1）有机官能团分析

有些化合物，特别是有机化合物的各种基团在红外光谱中有特征吸收。

常见的特种基团、特征吸收频率如—OH在3 200 ~ 3 650 cm^{-1}处吸收，苯环中C—H在3 030 cm^{-1}附近伸缩振动吸收，—CH，分别在2 870、2 960 cm^{-1}处

红外吸收，—N≡N—、—C≡C—分别在2 310~2 135 cm⁻¹、2 260~2 100 cm⁻¹处伸缩振动吸收，C≡C在1 680~1 620 cm⁻¹处红外吸收，—C≡O在1 850~1 600 cm⁻¹处吸收，C—O，C—I分别在1 300~1 000 cm⁻¹、500~200 cm⁻¹处伸缩振动吸收。利用上述特征吸收，可从红外光谱图判断有机官能团的存在，从而进行有机结构分析。

【例5.11】CH₃—C₆N₅—CN红外光谱（图5-7），试解释特征吸收峰。

解：3 020 cm⁻¹吸收峰是苯环中C—H引起的，2 920 cm⁻¹是-CH₃的吸收峰，1 605 cm⁻¹、1 511 cm⁻¹的吸收峰是苯环的C=C引起的，—C≡N吸收峰在2 240~2 220 cm⁻¹处。

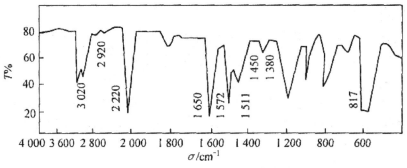

图5-7　CH₃—C₆N₅—CN红外光谱

（2）定量分析

红外光谱定量分析的基础是朗伯—比耳定律，$A=19号=s6c$，吸光度A的测定有以下4种方法。

①一点法。直接从红外光谱图上的纵坐标读出分析波数处的透过率F后换算成吸光度A。

②基线法。由于一点法误差较大，为了使波数处的吸光度更接近真实值，当分析峰不受其他峰的干扰，且峰形对称时，常采用基线法。

③定量分析方法。定量分析方法的选择与样品性质有关，当样品中组分简单时，多采用对照法或工作曲线法。对照法是通过比较样品光束和参比光束的强度以抵消与所测物质无关的辐射损失，来测定样品中某物质含量的方法。先配制一个与试样溶液尽量接近的标准溶液，然后在相同条件下分别测定标准溶液与样品的吸光度，通过计算可求未知物含量。

④现代分析计量法。近年来国内外利用现代分析计量学从事研究多组分的红外光谱定量分析。其中常用的是最小二乘法、卡尔曼滤波法、遗传算法、人工神经网络法、小波算法等。上述方法的共同点是，提出算法的数学模型，用计算机编程求解，误差分析，自动输出计算结果。例如人工神经网络算法，模拟神经网络具有三层或三层以上的多层神经元网络。

有神经元、一个输入层、一个中间层、一个输出层，并有许多节点。数学模型中有传递函数，可以处理和逼近非线性的输入/输出关系，并有误差函数，通过将一系列的样品吸光值与浓度输入网络，改变学习率，隐含层节点数、迭代次数，设置好误差指标，进行网络训练，显示误差结果并自动打印各混合物中物质的浓度，计算各相对误差及回收率。利用此算法可以分析五组分以上的苯系列有机物等，该算法快速、准确。这些现代分析计量学已经形成分析化学中的一个前沿学科分支，可对生命科学、生物信息、环境监测等提供一种新的分析手段。

5.5 分离方法研究

5.5.1 沉淀与共沉淀分离法

沉淀分离法是利用沉淀反应将混合物各组分进行分离的方法。沉淀分离法的主要依据是溶度积原理，是定性分析中主要的分离手段，一般适用于常量组分的分离，而不适合于微量组分的分离。共沉淀分离法是利用共沉淀现象来进行分离和富集的方法，可将痕量组分分离和富集起来。

使用沉淀分离的时候，要求沉淀溶解度小，纯度高。使用共沉淀分离法时，不仅要求待分离富集组分的回收率高，还要求共沉淀剂本身不能干扰该组分的测定。

利用沉淀和共沉淀分离法，对某些组分的选择性较差，且操作繁琐，但可通过控制酸碱度或添加掩蔽剂、有机沉淀剂等方法大大提高分离效率。

1.常量组分的沉淀分离

某些金属的氢氧化物、硫化物、碳酸盐、磷酸盐、硫酸盐、卤化物等溶解度较小，可用沉淀分离法分离，其中应用较多的是氢氧化物沉淀法和硫化物沉淀法。

（1）氢氧化物沉淀分离法

金属氢氧化物沉淀的溶度积相差很大，可通过控制pH值使某些金属离子相互分离。常常使用的试剂有NaOH、NH_3、有机碱、ZnO等，它们可将很多金属离子沉淀为氢氧化物或含水的氧化物。

加入NaOH做沉淀剂，可将两性金属离子与非两性氢氧化物分开——非两性金属离子会生成氢氧化物沉淀下来，而两性金属离子Al^{3+}、Zn^{2+}、Cr^{3+}、Sn^{2+}、Pb^{2+}、Sb^{2+}等，则会以含氧酸阴离子的形式留在溶液中。

而以NH_3做沉淀剂，可利用其生成的氨络合物与氢氧化物沉淀分离开来，从而分离高价金属离子与一、二价金属离子。如氨水加铵盐组成的缓冲溶液可控制溶液的pH值为8～10，使高价金属离子形成沉淀，而Ag^+、Cu^{2+}、Co^{2+}、Ni^{2+}等一、二价离子则会形成氨络离子留在溶液中。

ZnO是一种难溶碱，其悬浊液也可控制溶液的pH值，使某些金属离子生成氢氧化物沉淀。这主要是由于ZnO在水溶液中存在如下平衡。

$$ZnO+H_2O=Zn(OH)_2=Zn^{2+}+2OH^-$$
$$K_{sp}=c(Zn^{2+})c(OH)^2=1.2\times10^{17}$$

当ZnO加入酸性溶液中时，ZnO溶解；当ZnO加入碱性溶液中时，OH^-与Zn^{2+}又结合而形成$Zn(OH)_2$。因此可达到将溶液pH值控制在6左右的作用。$BaCO_3$、$PbCO_3$、MgO等难溶碱可起到与ZnO相同的作用，但各自控制的pH值有所不同。

在pH为5～6时，当某些有机碱，如六亚甲基四胺、吡啶、苯胺、苯肼、尿素等与其共轭酸组成缓冲溶液时，可控制溶液的pH值，使某些金属离子生成氢氧化物沉淀，达到沉淀分离的目的。

（2）硫化物沉淀法分离法

能形成难溶硫化物沉淀的金属离子约有40多种，除碱金属和碱土金属的硫化物能溶于水外，大多数重金属离子在不同的酸度下形成硫化物沉淀。利用各种硫化物的溶度积相差较大这一特点，可通过控制溶液的酸度来控制硫离子的浓度，从而使金属离子相互分离。

硫化物沉淀分离法所用的主要沉淀剂是H_2S。H_2S是一种二元弱酸，溶液中$c(S^{2-})$与溶液的酸度有关，随着$c(H^+)$的增加，$c(S^{2-})$迅速的降低。因此，通过使用缓冲溶液控制溶液的pH值，即可控制$c(S^{2-})$，使不同溶解度的硫化物得以分离。

硫化物沉淀分离的缺点是选择性不高，且生成的硫化物沉淀大多是胶体，共沉淀现象比较严重，甚至还存在继沉淀现象，故分离效果不是很理想，但较适于分离除去溶液中的某些重金属。

若用硫代乙酰胺代替H_2S做沉淀剂，分离效果会得到较大的改善。

（3）有机试剂沉淀分离法

有机沉淀分离法具有许多优点，如沉淀表面不带电荷，吸附的杂质少，共沉淀不严重；选择性好，专一性高，获得的沉淀性能好；有机沉淀剂分子量大，有利于重量法测定等特点，故应用十分普遍。

①生成螯合物的沉淀剂。作为沉淀剂的螯合剂至少含有两个基团：一个酸性基团，如—OH，—COOH，—SH，—SO_3H等；一个碱性基团，如—

NH₂、—NH—、N≡、—CO—、—CS—等。这两个基团共同作用于金属离子，形成稳定的环状结构螯合物。

某些金属离子取代酸性基团的氢，并以配位键与碱性基团作用，形成环状结构的螯合物。由于整个分子不具电荷，且具有很大的疏水基（烃基），所以螯合物溶解度小，易于从溶液中析出形成沉淀，从而与未发生螯合反应的金属离子分离。如8-羟基喹啉、铜铁试剂（N-亚硝基胲铵）、钽试剂（N-苯甲酰苯胲）、二乙基胺二硫代甲酸钠（DDTC，即铜试剂）、丁二酮肟等均属此类。

8-羟基喹啉是具有弱酸弱碱性的两性试剂，难溶于水，除碱金属外，与多种二价、三价、四价金属离子几乎均能定量生成沉淀。生成沉淀的pH值各不相同，因此可通过控制溶液的酸度将这些金属离子进行分离。

丁二酮肟-Ni^{2+}的专属沉淀剂四个氮原子以正方平面的构型分布在Ni^{2+}的周围，形成两个五元环的难溶化合物，在氨性溶液中，与镍生成鲜红色的螯合物沉淀。

铜铁灵（N-亚硝基苯胲铵盐）

铜铁灵在稀酸溶液中，与若干种较高价的离子反应生成沉淀。

铜试剂（二乙基胺二硫代甲酸钠，DDTC）能与很多金属离子生成沉淀：Ag^+、Cu^{2+}、Cd^{2+}、Co^{2+}、Ni^{2+}、Hg^{2+}、Pb^{2+}、Bi^{2+}、Zn^{2+}、Fe^{3+}、Sn^{4+}、Sb^{3+}、Tl^{3+}等。但不与Al^{3+}、碱土金属、稀土元素等形成沉淀。

②生成离子缔合物的沉淀剂。某些分子质量较大的有机试剂，在水溶液中可以阳离子或阴离子形式存在，与带相反电荷的金属络离子或含氧酸根离子缔合形成沉淀。

有机阴离子缔合剂多为含酸性基团且能离解成阴离子的有机化合物，它们可与金属络阳离子形成缔合物；有机阳离子缔合剂多是铵、磷、砷等的有机离子，它们可与金属络阴离子形成缔合物，如氯化四苯砷、四苯硼钠等。

$$\left(C_6H_5\right)_4As^++MnO_4^-=\!=\!=\left(C_6H_5\right)_4AsMnO_4\downarrow$$

$$2\left(C_6H_5\right)_4As^++HgCl_4^{2-}=\!=\!=\left[\left(C_6H_5\right)_4As\right]_2HgCl_4\downarrow$$

$$B\left(C_6H_5\right)_4+K^+=\!=\!=KB\left(C_6H_5\right)_4\downarrow$$

③三元络合物沉淀。三元络合物沉淀即被沉淀组分与两种不同的配体形成三元络合物。常用的此类沉淀剂有：吡啶：在SCN^-存在下，吡啶可与Cd^{2+}、Co^{2+}、Mn^{2+}、Cu^{2+}、Ni^{2+}、Zn^{2+}等生成沉淀。

$$2C_6H_5N+Cu^{2+}\longrightarrow Cu\left(C_6H_5N\right)_2^{2+}$$

$$Cu\left(C_6H_5N\right)_2^{2+}+2SCN\longrightarrow Cu\left(C_6H_5N\right)_2\left(SCN\right)_2\downarrow$$

1,10-邻二氮杂菲：在Cl^-存在下与Pd^{2+}形成三元络合物

$$Pd^{2+}+Cl_2H_8N_2\longrightarrow Pd\left(Cl_2H_8N_2\right)^{2+}$$

$$Pd\left(Cl_2H_8N_2\right)^{2+}+2Cl^-\longrightarrow Pd\left(Cl_2H_8N_2\right)Cl_2\downarrow$$

2.痕量组分的共沉淀分离与富集

共沉淀分离法就是加入某种离子同沉淀剂生成沉淀作为载体，将痕量组分定量地沉淀下来，然后将沉淀分离，再将其溶解于少量溶剂中，从而达到分离和富集的一种分析方法。

例如，从海水中提取铀时，因为海水中UO_2^{2+}含量很低，不能直接进行沉淀分离。这时可取1L海水，将其pH调至5~6，用$AlPO_4$共沉淀UO_2^{2+}，将沉淀物过滤洗净后再用10 mL盐酸溶解，则不仅将铀从海水中提取出来，同时又将铀的浓度富集了100倍。

共沉淀分离法中使用的常量沉淀物质称为载体或共沉淀剂，有无机和有机两大类。选择共沉淀剂时一方面要求对欲富集的痕量组分回收率高，另一方面要求共沉淀剂不能干扰待富集组分的测定。

（1）无机共沉淀

无机共沉淀是由于沉淀的表面吸附作用、生成混晶、包藏和后沉淀等原因引起的。

①吸附共沉淀。吸附共沉淀法是由于沉淀的表面吸附作用、生成混晶、包藏和后沉淀等原因引起的。它是将微量组分吸附在常量物质沉淀的表面，或使其随常量物质的沉淀一边进行表面吸附，一边继续沉淀而包藏在沉淀内部，从而使微量组分由液相转入固相的现象。

例如铜中含微量Al，加入氨水不能使Al^{3+}生成沉淀。若加入适量Fe^{3+}，则利用生成的$Fe(OH)_3$为载体，可使微量$Al(OH)_3$共沉淀分离。

吸附共沉淀分离法的载体沉淀颗粒小、比表面积大，对微量组分的分离富集效率高，同时几乎所有元素作为微量组分都可用吸附共沉淀法进行分离和富集。但选择性差，过滤洗涤均较困难。

属于此类的无机共沉淀剂有氢氧化铁、氢氧化铝、氢氧化锰等非晶形沉淀。

②混晶共沉淀。混晶共沉淀指痕量组分分布在常量组分形成的晶体内部，随常量组分一同沉淀下来。当两种化合物的晶型相同、结构相似、离子半径相近（相差在10%~15%以内），才容易形成混晶。例如$BaSO_4$和$RaSO_4$的晶格相同，当大量Ba^{2+}和痕量的Ra^{2+}共存时，两者都与$RaSO_4$形成$BaSO_4$-$RaSO_4$混晶，同时析出。

由于存在晶格的限制，所以混晶共沉淀具有的突出优点便是其选择性好，同时晶型沉淀比较容易过滤和洗涤。

（2）有机共沉淀

与无机共沉淀剂不同，有机共沉淀剂不是利用表面吸附或混晶把微量元素载带下来，而是利用"固体溶解"（固体萃取）的作用，即微量元素的沉淀溶解在共沉剂之中被带下来。

有机共沉淀所用的载体为有机化合物，与无机沉淀剂比较，具有如下优点：可用强酸和强氧化剂破坏，或通过灼烧挥发除去，不干扰微量组份的测定；有机沉淀剂引入不同官能团，故选择性高，得到的沉淀较纯净；有机沉淀剂体积大，富集效果好。

利用有机共沉淀剂进行分离和富集的作用，大致可分为三种类型。

①形成离子缔合物。有机沉淀剂和某种配体形成沉淀作为载体，被富集的痕量元素离子与载体中的配体络合而与带相反电荷的有机沉淀剂缔合成难溶盐。两者具有相似的结构，故它们生成共溶体而一起沉淀下来。

例如，在含有痕量Zn^{2+}的弱酸性溶液中，加入NH_4SCN和甲基紫，甲基紫在溶液中电离为带正电荷的阳离子R^+，形成共沉淀剂（载体），其共沉淀反应为

$$R^+ + SCN = RSCN \downarrow （形成载体）$$
$$Zn^{2+} + 4SCN = Zn(SCN)_4^{2-}$$
$$2R^+ + Zn(SCN)_4^{2-} = R_2Zn(SCN)_4^{2-} （形成缔合物）$$

生成的$R_2Zn(SCN)_4$便与RSCN共同沉淀下来。沉淀经过洗涤、灰化之后，即可将痕量的Zn^{2+}富集在沉淀之中，用酸溶解之后即可进行锌的测定。

②利用胶体的凝聚作用。H_2WO_4在酸性溶液中常呈带负电的胶体，不易凝聚。当加入有机共沉淀剂辛可宁，它在酸性溶液中使氨基质子化而带

正电，能与带负电荷的钨酸胶体共同凝聚而析出，可以富集微量的钨。常用的这类有机共沉淀剂还有丹宁、动物胶，可以共沉淀钨、银、钼、硅等含氧酸。

③利用惰性共沉淀剂。向溶液中加入一种有机试剂做载体，将微量产物一起共沉淀下来。由于这种载体与待分离的离子、反应试剂及两者的微量产物都不发生任何反应，故称为惰性共沉淀剂。

5.5.2 溶剂萃取分离法

溶剂萃取分离法又叫液—液萃取分离法，是利用液—液界面的平衡分配关系进行的分离操作。它是利用一种有机溶剂，把某组分从一个液相（水相）转移到另一个互不相溶的液相（有机相）的过程。由于溶剂萃取液液界面的面积越大，达到平衡的速度也就越快，所以要求两相的液滴应尽量细小化。平衡后，各自相的液滴还要集中起来再分成两相。

溶剂萃取分离法既可用于常量组分的分离，又适用于痕量组分的富集，设备简单，操作方便，并且具有较高的灵敏度和选择性。缺点是萃取溶剂常是易挥发、易燃的有机溶剂，有些还有毒性，所以应用上受到一定限制。

1.溶剂萃取的基本原理

萃取的本质是将物质由亲水性变为疏水性的过程。

亲水性指易溶于水而难溶于有机溶剂的性质，如无机盐类溶于水，发生离解形成水合离子，它们易溶于水中，难溶于有机溶剂。离子化合物、极性化合物都是亲水性物质，亲水基团有—OH、—SO$_3$H、—COOH、—NH$_2$、—NH—等。

疏水性（亲油性）指难溶于水而易溶于有机溶剂的性质，许多非极性有机化合物，如烷烃、油脂、萘、蒽等都是疏水性化合物。疏水基团有烷基、卤代烃、芳香基（苯基、萘基等）。

物质含有的亲水基团越多，亲水性越强；含有的疏水基团越多、越大，则疏水性越强。

2.萃取分离法的基本参数

（1）分配系数和分配比

极性化合物易溶于极性的溶剂中，非极性化合物易溶于非极性的溶剂中，这 规律称为"相似相溶原则"。物质的结构和溶剂的结构越相似，就越易溶解。

若溶质A在萃取过程中分配在互不相溶的水相和有机相中，则A按溶解度的不同分配在这两种溶剂中。在一定温度下，当萃取分配达到平衡时，溶质A在互不相溶的两相中的浓度比为一常数，此即为分配定律。

$$K_D = \frac{c_{A有}}{c_{A水}}$$

上式为溶剂萃取法的主要理论依据。式中K_D为分配系数，主要与溶质、溶剂的特性及温度有关，只适用于浓度较低的稀溶液，且溶质在两相中均以单一的相同形式存在。

分配系数K_D仅适用于溶质在萃取过程中没有发生任何化学反应的情况。在实际工作中，经常遇到溶质在水相和有机相中具有多种存在形式的情况，这时分配定律不再适用。通常用分配比（D）来表示溶质在有机相中的各种存在形式的总浓度$c_有$和在水相中的各种存在形式的总浓度$c_水$之比

$$D = \frac{c_有}{c_水}$$

分配比D值的大小与溶质的本性、萃取体系和萃取条件有关。

当两相体积相同时，若D值大于1，说明溶质进入有机相的量更多。在实际萃取过程中，要使绝大部分被萃取物质进入有机相，D值一般应大于10。

分配比D和分配系数K_D是不同的，K_D表示在特定的平衡条件下，被萃物在两相中的有效浓度（即分子形式）的比值，是一个常数；而D随实验条件而变，表示实际平衡条件下被萃物在两相中总浓度（即不管分子以什么形式存在）的比值。只有当溶质以单一形式存在于两相中时，才有$D=K_D$。

分配比随着萃取条件变化而改变，因而改变萃取条件，可使分配比按照所需的方向改变，从而使萃取分离更加完全。

（2）萃取率和分离系数

萃取率表示某种物质的萃取效率，反映萃取的完全程度，即

$$E = \frac{被萃取物质在有机相中的总量}{被萃取物质的总量} \times 100\%$$

若某物质在有机相中的总浓度为$c_有$，在水相中的总浓度为$c_水$，两相体积分别为$V_有$和$V_水$，则萃取率为

$$E = \frac{c_有 V_有}{c_有 V_有 + c_水 V_水} \times 100\% = \frac{D}{D + \frac{V_水}{V_有}} \times 100\%$$

由上式可知，分配比D越大，萃取率越高；有机相的体积越大，萃取率越大。

当被萃取物质的D值较小时，可采取分几次加入溶剂，多次连续萃取的方法提高萃取效率。

设水相体积为$V_水$（mL），水中含被萃物为W_0（g），用$V_有$（mL）萃取剂萃取一次，水相中剩余W_1（g）被萃物，则分配比为

$$D = \frac{c_有}{c_水} = \frac{(W_0 - W_1)/V}{W_1/V}$$

则

$$W_1 = W_0 \left(\frac{V_水}{DV_有 + V_水} \right)$$

若每次用$V_有$（mL）新鲜溶剂萃取n次，剩余在水相中的被萃取物为W_n（g），则

$$W_n = W_0 \left(\frac{V_水}{DV_有 + V_水} \right)^n$$

萃取进入有机相的被萃物总量为

$$W = W_0 - W_n = W_0 \left[1 - \left(\frac{V_水}{DV_有 + V_水} \right)^n \right]$$

$$E = \frac{W_0 - W_n}{W_0} \times 100\%$$

因此，在实际工作中，对于分配比较小的萃取体系，可采用多次萃取操作技术提高萃取率，以满足定量分离的需要。

萃取次数

$$n = \frac{\lg(100 - E_n) - 2}{\lg(100 - E_1) - 2}$$

（3）分离系数

在萃取工作中，不仅要了解对某种物质的萃取程度如何，更重要的是考虑当溶液中同时含有两种以上组分时，通过萃取之后它们分离的可能性和效果如何。一般用分离系β来表示分离效果。β是两种不同组分A、B分配比的比值，即

$$\beta = \frac{D_A}{D_B}$$

D_A和D_B之间相差越大，两种物质之间的分离效果越好；若D_A和D_B很接近，则β接近于1，两种物质则难以分离，此时需采取措施（如改变酸度、

价态、加入络合剂等）以扩大D_A与D_B的差别。

3.重要的萃取体系及萃取条件的选择

（1）螯合物萃取体系

此类体系中金属离子与螯合剂的阴离子结合而形成中性螯合物分子，形成的金属螯合物难溶于水，易溶于有机溶剂，所以可被有机溶剂萃取。

Ni^{2+}与丁二酮肟、Fe^{3+}与铜铁试剂、Hg^{2+}与双硫腙等都是典型的螯合物萃取体系。常用的螯合剂还有8-羟基喹啉、二乙酰二硫代甲酸钠（铜试剂）、乙酰丙酮等。

例如，8-羟基喹啉可与Fe^{3+}、Ca^{2+}、Zn^{2+}、Al^{3+}、Pd^{2+}、Co^{2+}、Ti^{3+}、In^{3+}等离子生成如下螯合物（以Me^{n+}代表金属离子）：所生成的螯合物难溶于水，可用有机溶剂萃取。

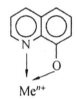

影响金属螯合物萃取的因素很多，主要有螯合剂、溶剂及溶液的pH值等。螯合剂应能与被萃取的金属离子生成稳定的螯合物，且应具有较多的疏水基团。应选择与螯合物结构相似、与水溶液的密度差别大、粘度小的溶剂。溶液的酸度越低，被萃取物质的分配比越大，越有利于萃取。但酸度过低，可能会引起金属离子的水解，因此应根据不同的金属离子控制适宜的酸度。若通过控制酸度仍不能消除干扰，可以加入掩蔽剂，使干扰离子生成亲水性化合物而不被萃取。例如，测量铅合金中的银时，用双硫腙—CCl_4萃取，为避免大量Pb^{2+}和其他元素离子的干扰，可采取控制酸度及加入EDTA等掩蔽剂的办法，把Pb^{2+}及其他少量干扰元素掩蔽起来。常用的掩蔽剂有氰化物、EDTA、酒石酸盐、柠檬酸盐和草酸盐等。

（2）离子缔合物萃取体系

许多金属阳离子、金属络阴离子及某些酸根离子，与带相反电荷的萃取剂形成疏水性的离子缔合物，进入有机相而被萃取。被萃取离子的体积越大，电荷越低，越容易形成疏水性的离子缔合物。

这类萃取体系可分为三大类。

①金属阳离子或络阳离子的离子缔合物。金属离子（多为碱金属或碱土金属离子）可与某些阴离子形成离子缔合物而被有机溶剂萃取。或金属离子与某些中性螯合剂结合成络阳离子，络阳离子再与某些较大的阴离子（如ClO_4^-、SCN^-等）结合成离子缔合物而被萃取。例如，Cu^+与2,9-二甲

基-1，10-邻二氮菲的螯合物带正电，可与氯离子生成可被氯仿萃取的离子缔合物。

②金属络阴离子或无机酸根的离子缔合物。金属络阴离子或酸根离子可与某些大分子量的有机阳离子形成疏水性的离子缔合物进入有机相。

③形成烊盐的缔合物。含氧的有机萃取剂如醚类、醇类、酮类和烷类等，它们的氧原子具有孤对电子，能够与H^+或其他阳离子结合而形成烊离子。烊离子可以与金属络离子结合形成易溶于有机溶剂的烊盐缔合物而被萃取。例如，在$6mol \cdot L^{-1}$HCL溶液中可以用乙醚萃取Fe^{3+}，反应为

$$Fe^{3+}+4Cl^-=FeCl_4^-$$

$$(C_2H_5)_2O+H^+ \longrightarrow (C_2H_5)_2OH^+ \xrightarrow{\ FeCl_4^-\ } (C_2H_5)_2OH^+ \cdot FeCl_4^-$$

（3）萃取分离操作

在分析中间歇萃取法应用较广泛，此法是取一定体积的被萃取溶液加入适当的萃取剂，调节至应控制的酸度。然后移入分液漏斗中，加入一定体积的溶剂，充分振荡至达到平衡为止。然后将分液漏斗置于铁架台的铁圈上，使溶液静置分层。若萃取过程中产生乳化现象，使两液相不能很清晰的分开，可采用加入电解质或改变溶液酸度等方法，破坏乳浊液，促使两相分层。

待两相清晰分层后，轻轻转动分液漏斗的活塞，使下层液体流入另一容器中，然后将上层液体从分液漏斗的上口倒出，从而使两相分离。若被萃取物质的分配比足够大，则一次萃取即可达到定量分离的要求。否则应在经第一次分离之后，再加入新鲜溶剂，重复操作，进行二次或三次萃取。但萃取次数太多，不仅操作费时，且易带入杂质或损失萃取的组分。

5.5.3离子交换分离法

离子交换分离法是利用离子交换剂与溶液中离子发生交换反应而进行分离的方法，其原理是基于物质在固相与液相之间的分配。离子交换法分离对象广，几乎所有无机离子及许多结构复杂、性质相似的有机化合物都可用此法进行分离，所以此法不仅适于实验室超微量物质的分离，而且可适应工业生产大规模分离的要求。离子交换分离法具有设备简单、易操作、树脂可再生反复使用等优点，但分离过程的周期长、耗时多，因此在分析化学中仅用它解决某些较困难的分离问题。

1.离子交换剂的种类、结构与性质

（1）离子交换剂的种类

离子交换剂主要分为无机离子交换剂和有机离子交换剂两大类。目前，应用较多的是有机离子交换剂，即人工合成的有机高分子聚合物——离子交换树脂。

离子交换树脂是一种不溶于水、酸、碱和有机溶剂的功能高分子化合物，其结构可分为骨架（基体）以及活性基团（离子交换功能团）。骨架是可伸缩的立体网状结构的高分子聚合物，骨架上连接有活性基团，如—SO_3H、—$COOH$、—NH_2、—$N(CH_3)_3Cl$等，可与溶液中的阳离子或阴离子发生交换反应。

按照活性基团的性质，离子交换树脂可分为以下几类。

①阳离子交换树脂。阳离子交换树脂的活性基团为酸性基团（带负电），它的H^+可被阳离子所交换。根据活性基团酸性的强弱，又可分为强酸型、弱酸型阳离子交换树脂。强酸型树脂含有磺酸基（—SO_3H），弱酸型树脂含有羧基（—$COOH$）或酚羟基（—OH）。

强酸型树脂在酸性、中性或碱性溶液中都能使用，交换反应速率快，应用较广。弱酸型树脂对H^+亲和力大，羧基在pH＞4、酚羟基在pH＞9.5时才有交换能力，所以在酸性溶液中不能使用，但该树脂选择性好，易于用酸洗脱，常用于分离不同强度的碱性氨基酸及有机碱。

②阴离子交换树脂。阴离子交换树脂的活性基团为碱性基团（带正电），它的阴离子可被溶质中的其他阴离子所交换。根据活性基团碱性的强弱，又分为强碱型和弱碱型阴离子交换树脂。强碱型树脂含有季铵基[—$N^+(CH_3)_3$]，弱碱型树脂含有伯胺基（—NH_2）、仲胺基[—$NH(CH_3)$]或叔胺基[—$N(CH_3)_2$]。

强碱型树脂在酸性、中性或碱性溶液中都能使用，对于强、弱酸根离子都能交换。弱碱型树脂对OH^-亲和力大，其交换能力受溶液酸度影响较大，仅在酸性和中性溶液中使用，应用较少。

③螯合树脂。这类树脂中引入有高度选择性的特殊活性基团，可与某些金属离子形成螯合物，在交换过程中能选择性地交换某种金属离子。例如含有氨基二乙酸基团[—$N(CH_2COOH)_2$]的螯合树脂，对Cu^{2+}、Co^{2+}、Ni^{2+}有很好的选择性。

离子交换树脂还可按物理结构分为凝胶型（孔径为5nm）和大孔型（孔径为20~100nm）离子交换树脂，或按照合成树脂所用的原料单体分为苯乙烯系、酚醛系、丙烯酸系、环氧系、乙烯吡啶系等。

（2）离子交换树脂的结构

离子交换树脂的种类很多，现介绍几种常用树脂的结构。

①苯乙烯–二乙烯苯的聚合物是目前最常用的离子交换树脂，其骨架由苯乙烯—二乙烯苯聚合而成。苯乙烯为单体，二乙烯苯为交联剂，$-SO_3H$、$-COOH$、$-N(CH_3O)_3OH$等作为交换功能团连接在单体上。例如，聚苯乙烯磺酸型阳离子交换树脂就是由苯乙烯与二乙烯苯共聚后，再经磺化处理制成。

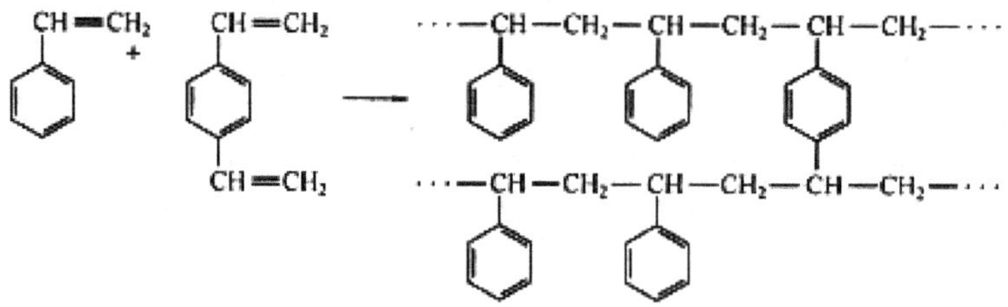

磺化处理后的最终结构：

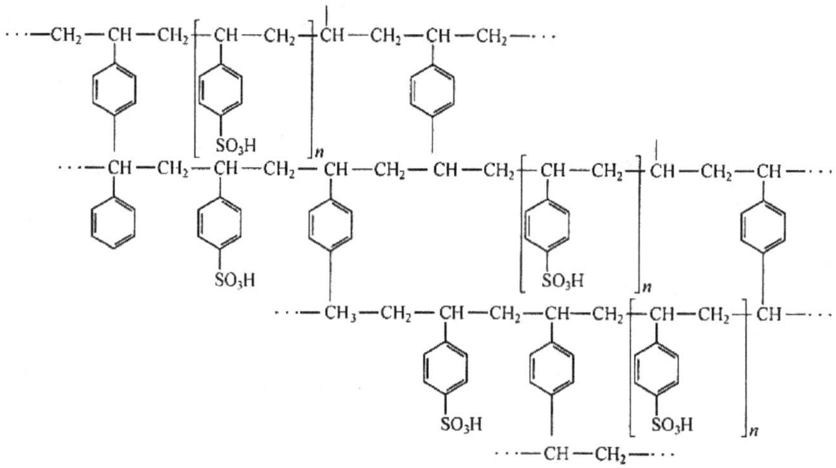

由其结构可见，苯乙烯连接了很长的碳链，这些长碳链又与二乙烯苯交联起来，组成了网状结构。二乙烯苯起到交联剂的作用。

②苯酚型树脂的骨架。由苯酚—甲醛缩聚而成，其中苯酚为单体，甲醛为交联剂，$-OH$为阳离子的交换功能团，在其对位还可连接$-SO_3H$等其他交换功能团。

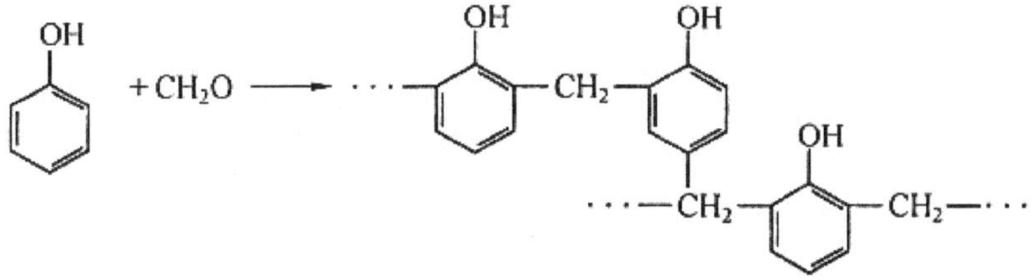

③基丙烯酸作为单体与交联剂二乙烯苯的聚合树脂的骨架，—COOH为交换功能团。

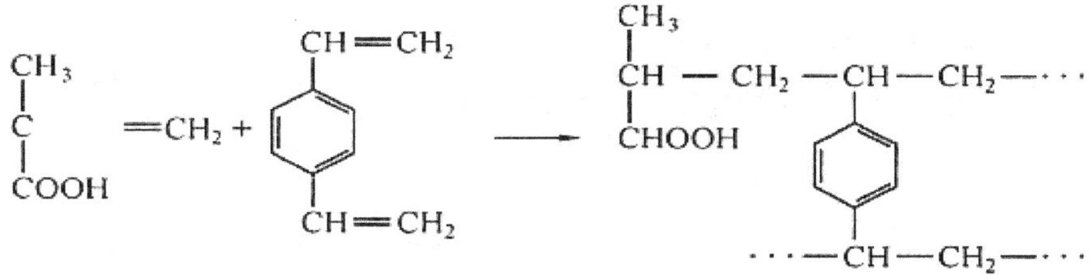

（3）离子交换树脂的性质

①溶胀性与交联度。将干燥的树脂浸泡于水溶液中，树脂由于水的渗透而体积膨胀，这种现象称为树脂的溶胀。交联度指离子交换树脂中所含交联剂的质量百分数。一般交联度小，溶胀性能好，离子交换速度快，但选择性差，机械强度也较差。交联度为4%～14%较适宜。

②交换容量。指每克干树脂所能交换的物质的量，它由树脂网状结构内所含活性基团的数目所决定，一般树脂的交换容量为3～6mmol·g^{-1}。

2.离子交换的基本原理

离子交换反应是化学反应，是离子交换树脂本身的离子和溶液中的同号离子作等物质的量的交换。若将含阳离子B$^+$的溶液和离子交换树脂R$^-$A$^+$混合，则其反应为

$$R^-A^+ + B^+ \rightleftharpoons R^-B^+ + A^+$$

当反应达到平衡时

$$K^\ominus = \frac{c(A^+)_{水}\, c(B^+)_{有}}{c(A^+)_{有}\, c(B^+)_{水}}$$

式中，$c(A^+)_{有}$、$c(B^+)_{有}$及$c(A^+)_{水}$、$c(B^+)_{水}$分别表示A$^+$、B$^+$在有机相（树脂相）及水相中的平衡浓度。

K为树脂对离子的选择系数，表示树脂对离子亲和力的大小，反映一定

条件下离子在树脂上的交换能力。若$K>1$，说明树脂负离子R^-与B^+的静电吸引力大于R^-与A^+的吸引力。

离子在离子交换树脂上的交换能力与离子水合半径、电荷及离子的极化程度有关。水合离子半径越小，电荷越高，离子极化程度越大，则树脂对离子亲和力越大。

实验表明，常温下，在离子浓度不大的水溶液中，树脂对不同离子的亲和力顺序如下。

（1）强酸性阳离子交换树脂

不同价的离子：$Na^+<Ca^{2+}<Al^3<Th^{4+}$

一价阳离子：$Li^+<H^+<Na^+<NH^{4+}<K^+<Rb^+<Cs^+<Ag^+$

二价阳离子：$Mg^{2+}<Zn^{2+}<CO^{2+}<Cu^{2+}<Cd^{2+}<Ni^{2+}<Ca^{2+}<Se^{2+}<Pb^{2+}<Ba^{2+}$

（2）弱酸性阳离子交换树脂

H^+的亲合力大于阳离子,阳离子亲合力与强酸性阳离子交换树脂类似。

（3）强碱性阴离子交换树脂

$F^-<OH^-<CH_3COO^-<HCOO^-<H_2PO_4^-<Cl^-<NO_2^-<CN^-<Br^-<AsO_4^{3-}<C_2O_4^{2-}<NO_3^-<HSO_4^-<I^-<CrO_4^{2-}<SO_4^{2-}<$柠檬酸根离子。

（4）弱碱型阴离子交换树脂

$F^-<Cl^-<Br^-<I^-<CH_3COO^-<MoO_4^{2-}<PO_4^{3-}<NO_3^-<$酒石酸根$<CrO_4^{2-}<SO_4^{2-}<OH^-$

但以上仅为一般规律。

由于树脂对离子亲和力的强弱不同，进行离子交换时，就有一定的选择性。若溶液中各离子的浓度相同，则亲和力大的离子先被交换，亲和力小的后被交换。若选用适当的洗脱剂洗脱时，则后被交换的离子先被洗脱下来，从而使各种离子彼此分离。

第 6 章
无机化学分析实验的操作
与实验数据处理

6.1 无机化学分析实验的操作与技能研究

6.1.1无机化学分析实验常用的仪器介绍

表6-1　常用的实验仪器

仪器	用途	注意事项
试管夹	用于夹拿试管	防止烧损（竹质的）或锈蚀（金属的）
烧杯	用于盛放试剂、配制、煮沸、蒸发、浓缩溶液，或者用作反应器	加热时放在石棉网上
锥形瓶	常用于滴定操作的反应容器	加热时放在石棉网上
碘量瓶	有100 mL、250 mL等规格，用于碘量法	
滴瓶	用于盛放液体	不能长期盛放浓碱液，滴瓶上的滴管不能混用

仪器	用途	注意事项
点滴板	白色瓷板，按凹穴数目分为十二穴、九穴、六穴等，用于点滴反应，尤其是显色反应	
洗瓶	塑料瓶，多为500 mL，内装蒸馏水或者去离子水，用于洗涤沉淀和容器时用	
细口瓶　广口瓶	细口试剂瓶用于盛放液体试剂，广口试剂瓶用于盛放固体试剂	不得受热
量筒	用于量取一定体积的液体	不能受热
酒精灯	主要有150 mL、250 mL等规格，是常用的加热器具	

续表

仪器	用途	注意事项
移液管	用于准确量取一定体积的液体	不能受热
酸式滴定管 碱式滴定管 滴定管	分为碱式和酸式、无色和棕色，通常有25 mL、50 mL等规格碱式滴定管用于盛放碱性液体；酸式滴定管用于盛放酸性液体	滴定管不能受热
容量瓶	用于配制准确浓度的溶液	不能受热

仪器	用途	注意事项
干燥器	用于干燥或保存干燥剂	不得放入过热物品
研钵	用于研磨固体试剂	不能用火直接加热
药勺	取用固体试剂	取不同的试剂不能混用
称量瓶	用于准确称取固体	不能直接用火加热
长颈漏斗 漏斗	用于过滤	不得用火加热

仪器	用途	注意事项
蒸发皿	用于蒸发液体或溶液	忌骤冷、骤热
分液漏斗	用于分离互不相溶的液体，也可用作发生气体装置中的加液漏斗	不得用火加热
吸液漏斗　布式漏斗	用于减压过滤	不得用火加热
平底烧瓶　圆底烧瓶	可作为长时间加热的反应容器	加热时应放在石棉网上
蒸馏烧瓶	用于液体蒸馏，也可用于制取少量气体	加热时应放在石棉网上

仪器	用途	注意事项
钳锅	用于灼烧试剂	忌骤冷、骤热
毛刷	洗刷玻璃仪器	小心刷子顶端的铁丝撞破玻璃仪器
表面皿	盖在烧杯上	不得用火加热
燃烧勺匙	放置	
泥三角	用于承放加热的坩埚和小蒸发皿	
石棉网	加热玻璃反应容器时垫在容器底部，能使加热均匀	不能与水接触，以免铁丝锈蚀

仪器	用途	注意事项
三脚架	铁制品，放置较大或较重的加热容器	
温度计	用于测量物体的温度。常用的温度计分为水银温度计和酒精温度计两种。温度计有不同的精度和不同的量程，如0~100℃、0~360℃等，精度有0.1℃、0.2℃等	温度计不能当作搅拌棒使用；温度计在使用时，要轻拿轻放；不能骤冷骤热，以免外壳玻璃因受热不均而破裂
铁架台	用于固定	先将铁夹等升至合适高度并旋转螺丝，使之牢固后再进行实验
密度计	用于测定液体的相对密度。有轻表和重表两种；轻表用于测密度小于1g/mL的液体的密度；重表用于测量密度大于1g/mL的液体的密度	

6.1.2玻璃仪器的洗涤和干燥

1.玻璃仪器的洗涤

化学实验中常常用到各种玻璃仪器。这些仪器是否干净，常常影响实验结果的准确性，所以一定要保证实验所用的玻璃器皿是清洁的。针对玻璃仪器的特性和玻璃仪器上污物的不同，可以采用不同的洗涤方法。

①用水刷洗：可以洗去玻璃仪器上的可溶性物质、附着在仪器上的尘土等。

②用洗涤剂洗：能除去仪器上的油污或者有机物。常用的洗涤剂有去污粉、肥皂、合成洗涤剂等。

③用浓盐酸洗：可以洗去附着在器壁上的氧化剂，如二氧化锰。

④用铬酸洗液：铬酸洗液有强酸性和强氧化性，去污能力强，适用于洗涤油污及有机物。

铬酸洗液的配制方法：将25g研细的工业$K_2Cr_2O_7$加入到温热的50 mL水中，然后将450 mL浓硫酸慢慢加入到溶液中。边加热边搅动，冷却后储于细口瓶中。

铬酸洗液的使用方法为：使用前，先将玻璃器皿用水或洗涤剂洗刷一遍；随后，尽量把器皿内的水去掉，以免冲稀洗液；将洗液小心倒入器皿中，慢慢转动器皿，使洗液充分润湿器皿的内壁或者浸泡一段时间；用毕将洗液倒回原瓶内，以便重复使用。

洗液有强腐蚀性，会灼伤皮肤和损坏衣服，使用时最好带橡皮手套和防护镜。万一溅在衣物、皮肤上，要立即用大量水冲洗。

当洗液颜色变成绿色时，洗涤效能下降，应重新配制。

⑤特殊试剂：含$KMnO_4$的NaOH水溶液，该溶液适用于洗涤油污及有机物。洗后在玻璃器皿上留下MnO_2沉淀，可用浓HCl或Na_2SO_3溶液将其洗掉；盐酸—酒精（1：2）洗液：适用于洗涤被有机试剂染色的比色皿。

用以上方法洗涤后的仪器，经自来水冲洗后，还残留有Ca^{2+}、Mg^{2+}等离子，如需除掉这些离子，还应用去离子水洗2~3次，每次用水量一般为所洗涤仪器体积的1/4~1/3。

玻璃仪器洗净后器壁应能被水润湿，无水珠附着在上面。如果局部挂水珠或者有水流拐弯，则表示仪器没洗干净，要重新洗涤。

2.玻璃仪器的干燥

洗净的玻璃仪器如需干燥，可根据实际情况选用以下方法：①晾干：对干燥程度要求不高又不急用的仪器，可以自然晾干；②吹干：急需干燥的仪器，可以用吹风机或者"气流烘干机"吹干；③烘干：可以耐受高温烘烤的仪器可以烘干，通常用烘箱。

用有机溶剂干燥：因为加热会影响仪器的精度，带有刻度的仪器不能加热，所以用易挥发的有机溶剂干燥，如丙酮、酒精等。

6.1.3 化学试剂的存放和取用

1.化学试剂的等级

化学试剂的纯度对实验结果影响很大，要根据实际情况选择合适的等级。根据纯度和杂质含量，化学试剂可以分为五级。化学试剂的级别和应用范围（表6-2）。

表6-2　化学试剂的级别和应用范围

级别	中文名称	英文及其符号	标签颜色	应用范围
一级	优级纯	Guarantee Reagent（GR）	绿色	适用于精密的分析研究及实验
二级	分析纯	Analytical Reagent（AR）	红色	适用于多数分析研究及实验
三级	化学纯	Chemical Pure（CP）	蓝色	适用于一般的化学实验和教学
四级	实验试剂	Labortory Reagent（LR）	棕色或黄色	工业或化学制备
五级	生物试剂	Biological Reagent（BR）	咖啡色或玫瑰红	生物及医化实验

2.化学试剂的存放

固体试剂一般存放在广口瓶中，液体试剂一般存放在细口试剂瓶中。一些用量小而使用频繁的试剂，如指示剂等，一般盛放在滴瓶中。见光容易分解的试剂应该盛放在棕色瓶中。易腐蚀玻璃的试剂则存放于塑料瓶中。

对于易燃、易爆、强腐蚀性、强氧化性以及剧毒品的存放应该特别注意，一般要求按照分类单独存放。

试剂瓶的瓶塞一般都是磨口的，但是，盛放强碱的试剂瓶以及盛放偏硅酸钠溶液的试剂瓶应该用橡皮塞，以免存放时间久了发生粘连。盛放试剂的试剂瓶都应该贴上标签，并写明试剂的名称、纯度、浓度和配制日期，标签外面应涂蜡或者用透明胶带保护。

3.固态试剂的取用

固态试剂取用前，要看清试剂瓶上的标签，以免取错。

取用时，先打开瓶塞，将瓶塞倒放在实验台上。试剂不能用手取用，固态试剂一般用清洁、干燥的药勺（牛角勺、不锈钢勺或者塑料勺）取用。药匙的两端分别为大小两个匙，可取用大量固体和少量固体。用过的药匙必须洗净擦干后才能再用。

试剂一旦取出，就不能再倒回原瓶，可将多余的试剂放入指定容器供他人使用。

对于粉末状的试剂，可以用药勺或者纸槽伸进倾斜的容器中，再使容器直立，让试剂直接落到容器的底部[图6-1（a）和图6-1（b）]。如果是块状的试剂，放入容器时，应先倾斜容器，把固体轻轻放在容器的内壁，让它慢慢地滑落到底部，避免容器被击破[图6-1（c）]；如果固体颗粒较大，应放在研钵中研碎后再取用。

具有腐蚀性、强氧化性或者易潮解的固体试剂应该放在表面皿上或者玻璃容器内称量。固体试剂一般放在干净的纸或者表面皿上称量。有毒试剂要在教师指导下按规定取用。

4.液态试剂的取用

取用液体试剂时，一般采用倾注法（图6-2）。取液时，先取下瓶塞并将它倒放在桌上，手握试剂瓶，使标签面朝手心，逐渐倾斜瓶子，让液体试剂沿着瓶壁或者洁净的玻璃棒流入接收器中。倾出所需量后，将试剂瓶口在容器上靠一下，再逐渐竖起瓶子，以防遗留在瓶口的试液流到瓶外。

（a）用药勺往试管 　（b）用纸槽往试 　（c）块状固体
里送粉末状试剂 　管里送粉末状试剂 　沿管壁慢慢滑下

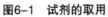

图6-1　试剂的取用

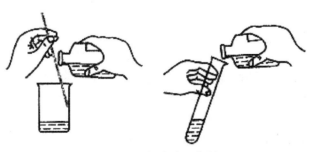

图6-2　倾注法示意图

定量取液体试剂时，可以用量筒或者移液管，下面简单介绍量筒的用法。

量筒有5 mL、10 mL、50 mL、100 mL和1 000 mL等规格，可以根据需要选取不同容量的量筒。使用时，一手拿量筒，一手拿试剂瓶，然后倒出所需用量的试剂。最后将瓶口在量筒上靠一下，再使试剂瓶竖直，以免留在瓶口的液滴流到瓶的外壁（图6-3）。

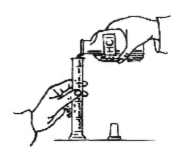

图6-3　用量筒取液体

读取量筒中液体体积时，应使视线与量筒内液体的弯月面的最低处保持相平，偏高或者偏低都会造成误差。取用试剂要注意节约，多余的试剂不应倒回原试剂瓶中，有回收价值的，要倒入回收瓶中。

取用少量试剂时常常用滴管。使用滴管时，先提起滴管，用手指紧捏滴管上部的橡皮胶头，赶走滴管中的空气。然后松开手指，将滴管伸入试剂瓶中吸取试液。取出滴管，将所取试液滴入试管等容器中。注意：不能将滴管插入容器，以免触及器壁而玷污试剂。滴瓶上的滴管只能专用，不能和其他滴瓶上的滴管混用。滴瓶上的滴管用完后一定放回原瓶，不可随意乱放。装有试剂的滴管不能平放或者管口向上斜放，以免试剂倒流回橡皮胶头里。

取用挥发性的试剂，如浓盐酸、溴等，应该在通风橱中进行，防止污染空气。取用剧毒或者强腐蚀性的试剂要注意安全，不要洒在手上，以免发生伤害事件。

6.1.4试纸的使用

试纸是用于化学分析的检验化学试剂的纸张。商品试纸一般为卷状或者小条状，使用方便，操作简单。在实验室，经常使用试纸来定性检验溶液的酸碱性或者某些成分是否存在。试纸的种类很多，实验室经常用到的有石蕊试纸、pH试纸、醋酸铅试纸和碘化钾-淀粉试纸等。

1.pH试纸

pH试纸用于检验溶液的pH值，一般有两类：一类是广泛pH试纸，变色范围在1～14，用于粗略检验溶液的pH值；另一类是精密pH试纸，这种试纸在pH变化较小时就有颜色的变化，可以用来较精确的检验溶液的pH。精密试纸分为不同的测量区间，如0.5～5.0、0.1～1.2、0.8～2.4等。

使用时，可以先用广范试纸大致测出溶液的酸碱性，再用精密试纸进行精确测量。超过了测量的范围，精密pH试纸就无效了。

2.石蕊试纸

石蕊试纸分为红色石蕊试纸和蓝色石蕊试纸两种。红色石蕊试纸用于检验碱性溶液，蓝色石蕊试纸用于检验酸性溶液。

3.醋酸铅试纸

醋酸铅试纸用于定性检验化学反应过程中是否有硫化氢气体产生。

这种试纸可以在实验室自制：在滤纸条上滴上数滴醋酸铅溶液，晾干即可。

当含有S^{2-}的溶液被酸化时，逸出的硫化氢气体遇到试纸后，即与试纸上的醋酸铅反应，生成黑色的硫化铅沉淀，使试纸呈黑褐色。

$$Pd(Ac)_2 + H_2S = PbS\downarrow + 2HAc$$

当溶液中浓度较小时，则不易检验出。

4.碘化钾-淀粉试纸

试纸在碘化钾-淀粉溶液中浸泡过，用来定性检验氧化性气体（如Cl_2、Br_2等）。使用时要先用蒸馏水润湿试纸，当氧化性气体遇到湿的试纸时，即溶于试纸上的水中，并将试纸上的I^-氧化为I_2，其反应为

$$2I^- + Cl_2 = I_2 + 2Cl^-$$

生成的I_2立即与试纸上的淀粉作用，使试纸变蓝色。

如果气体氧化性强，而且浓度较大时，还可以进一步将I_2氧化成无色的HIO_3，使蓝色褪去，其反应为

$$I_2 + 5Cl_2 + 6H_2O = 2HIO_3 + 10HCl$$

因此，使用时必须仔细观察试纸颜色的变化，否则会得出错误的结论。

6.1.5加热装置和加热方法

1.加热装置

加热是实验室常用的实验手段。实验室常用的加热装置有酒精灯、酒精喷灯、电炉和马弗炉等。

（1）酒精灯

酒精灯为玻璃制品，所用燃料为酒精。使用前，要修剪灯芯[图6-4（a）]。如果需要往酒精灯内添加酒精，应把火焰熄灭，然后借助于漏斗把酒精加入灯内，加入酒精量不超过其容积的2/3[图6-4（b）]。绝对禁止向燃着的酒精灯里添加酒精，以免失火。

酒精灯要用火柴点燃[图6-4（c）]，不能用另外一个燃着的酒精灯来点火。否则会把灯内的酒精洒在外面，使大量酒精着火引起事故。

酒精灯不能长时间连续使用，以免火焰使酒精灯本身灼热，灯内酒精大量气化变成爆炸物混合物。酒精灯使用完毕后，必须用灯帽盖灭[图6-4（d）]，不可用嘴去吹灭。灯帽要盖严，以免酒精挥发。

（a）修剪灯芯　　　（b）添加酒精　　　（c）点燃　　　（d）熄灭

图6-4　酒精灯的使用

（2）酒精喷灯

酒精喷灯有坐式和挂式两种。其主要操作步骤主要有以下几步。

①添加酒精：如需向喷灯内添加酒精，需先关好下口开关，再用漏斗慢慢添加。灯内存贮的酒精量不能超过酒精壶的2/3。

②预热：向预热盘中加入少量酒精，用火柴点燃。预热后有酒精蒸气逸出，当盘内酒精烧至近干时，灯管已经灼热。打开喷灯开关，将灯点燃（若无酒精蒸气逸出，可用探针疏通酒精蒸气出口后，再预热、点燃）。

③调节：通过调节灯管旁边的开关可以控制火焰的大小。

④熄灭：喷灯使用时间一般不超过30 min。使用完毕后，可盖灭，也可旋转调节器熄灭。

（3）电加热装置

在实验室中还常用电炉、电加热套、高温炉等进行加热。

电炉温度的高低可以通过变压器来调节，被加热的容器和电炉之间要放置石棉网，以防止受热不均。

电加热套是一种较方便的加热装置，可加热的温度范围较宽。它是由玻璃纤维包裹着电加热丝织成的半圆形的加热器。电加热套有专门的控温装置用于调节温度。由于不是明火加热，因此可加热和蒸馏易燃的有机物，也可以加热沸点较高的化合物。

2.加热方法

（1）直接加热

实验室常用的烧杯、烧瓶、蒸发皿、试管（离心试管除外）等器皿可以直接加热，但是，不能骤冷或者骤热。

加热烧杯等容器中的液体时，容器必须放在石棉网上，否则会因受热不均而破裂。加热过程中要持续搅拌，使容器内的液体受热均匀。加热时；烧杯中的液体不超过其容量的1/2，烧瓶或试管内盛放的液体一般不超过其容量的1/3。

试管中的液体可以直接在火焰上加热[图6-5（a）]，加热时要注意以下几点：①试管夹应该夹在试管的中上部；②试管应该稍微倾斜，管口向上，以免烧坏试管夹；③为了使液体受热均匀，先加热液体的中上部，再慢慢往下移动，然后上下移动，不能局部加热；④不能将试管口对准有人的方向，以免溶液煮沸时把人溅伤。

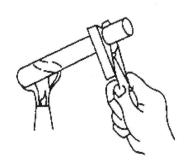 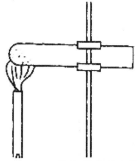

（a）加热试管中的液体 　　　　　　（b）加热试管中的固体

图6-5　加热试管中的液体和固体

加热试管中的固体时，试剂要均匀平铺于试管底部，试管口略微向下（防止水倒流引起试管炸裂）。用酒精灯的外焰对着试管的底部和中部，左右移动四至五次，再用酒精灯外焰对着有试剂的部位加热[图6-5（b）]。

（2）间接加热

①水浴。当要求被加热的物质受热均匀，而且温度不高时，可以采用水浴加热[图6-6（a）]。通常，先把水浴中的水煮沸，用水蒸气来加热。水浴加热的温度通常不超过100℃。水浴内盛水的量不要超过其容量的1/3。加热时，应随时向水浴锅中补充热水，以保持一定的水量。不能把烧杯直接泡在水浴中加热，这样会使烧杯底部接触水浴锅的底部，因受热不均引起破裂。

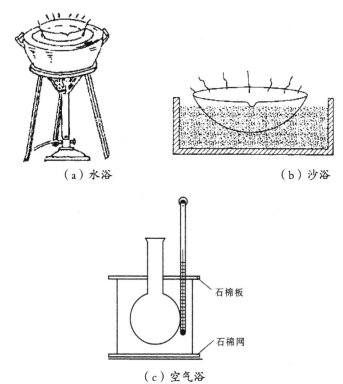

（a）水浴　　　　　　　　　　（b）沙浴

（c）空气浴

图6-6　水浴、沙浴、空气浴示意图

②油浴和沙浴。当被加热的物质要受热均匀，温度又需高于100℃时，可使用油浴或沙浴加热[图6-6（b）]。

用油代替水浴中的水，即是油浴。油浴的最高温度决定于所用油的沸点。常用的油有甘油、植物油、液体石蜡、硅油等。油浴应小心使用，防止着火。

沙浴是将细沙盛在铁盘里，用煤气灯加热铁盘。加热时，被加热的器皿埋在沙子里。若要测量加热温度，可把温度计埋入靠近器皿的沙中，但不能触及铁盘底部。沙浴升温比较缓慢，停止加热后散热也比较慢。

③空气浴。沸点在80℃以上的液体原则上可以用空气浴加热。简单的空气浴示意图[图6-6（c）]。使用时，将该装置放在铁三脚架或者铁架台的铁环上。注意：罐中的蒸馏瓶或者其他受热容器切勿触及罐底。

6.1.7蒸发和浓缩

为了使溶质从溶液中析出晶体，常采用加热的方法使水分蒸发而溶液不断浓缩,加热到一定程度时冷却,即可析出晶体。若溶质的溶解度比较大,必须蒸发到溶液表面出现晶体膜才可以停止加热。若溶液很稀,可以先放在石棉网上直接加热蒸发,然后再放在水浴上加热浓缩、冷却。

常用的蒸发容器是蒸发皿,内盛液体的量不得超过其容量的2/3。如果液体量较多,蒸发皿一次盛不下,可随水分的不断蒸发不断添加液体。

6.1.8结晶和重结晶

晶体从溶液中析出的过程称为结晶。结晶是提纯固态物质的重要方法之一。结晶时溶液要求达到饱和,使溶液达到饱和的方法有两种:一种是蒸发法,此法适用于溶解度随温度变化不大的物质;另一种是冷却法,此法适用于溶解度随温度下降而明显减小的物质。

析出的晶体颗粒大小与结晶条件有关。如果溶液浓度较高、溶质的溶解度小,不断搅拌溶液并快速冷却,就得到细小的晶体颗粒;如果溶液浓度不高,缓慢冷却,就能得到较大的晶体颗粒。这种大的晶体夹带杂质少,易于洗涤,但母液中剩余的溶质较多,损失较大。

实际工作中,常常根据需要来控制结晶条件,得到大小合适的结晶颗粒。当溶液处于过饱和时,可以振荡容器,用玻璃棒搅动或轻轻地摩擦容器壁,或投入几粒晶种,促使晶体析出。

若结晶一次所得物质的纯度不合要求,可加入少量溶剂溶解晶体,再蒸发一次进行重结晶。方法为:把待提纯的物质溶解在适量的溶剂中,除去杂质离子,滤去不溶物后,蒸发浓缩到一定程度,冷却后就会析出溶质的晶体。重结晶是提纯固体物质的一种常见方法。

6.1.9固液分离

溶液与沉淀的分离方法有三种:倾析法、过滤法和离心分离法。

1.倾析法

当沉淀的相对密度较大或结晶的颗粒较大,静置后能很快沉降至容器底部时,可用倾析法进行沉淀的分离和洗涤。倾析法是把沉淀上部的溶液倾入另一容器内,使沉淀与溶液分离。如需洗涤沉淀,可以往盛着沉淀的容器内加入少量洗涤液,充分搅拌后,沉降,再倾去洗涤液。如此重复操作三遍以上,即可把沉淀洗干净。

2.过滤法

过滤法是最常用的固液分离方法。当沉淀经过过滤器时,沉淀留在过滤器上,溶液通过过滤器而进入容器中,所得溶液叫做滤液。溶液的黏度、温度、过滤时的压力以及沉淀物质的性质、状态、过滤器孔径大小都会影响过滤速度。过滤时,应将各种因素的影响综合考虑来选择过滤方法。

常用的过滤方法有三种:常压过滤、减压过滤和热过滤。

①常压过滤。常压过滤法最为简便和常用,是在常压下使用普通漏斗进行过滤,但是过滤的速度比较慢。

按照孔隙的大小,常压过滤使用的滤纸按照空隙大小可分为"快速""中速"和"慢速"三种;按照直径大小分为7cm、9cm和11cm等。应根据沉淀的性质选择合适的滤纸。

过滤时,将滤纸对折,再对折,展开成适度的圆锥体,一边是三层,另一边是一层。为了使滤纸与漏斗内壁贴紧,常将滤纸撕去一角,放在漏斗中,滤纸的边缘应该略低于漏斗的边缘。过滤时,先用水润湿滤纸,使滤纸紧贴在玻璃漏斗的内壁上。然后向漏斗中加蒸馏水至几乎达到滤纸边缘,漏斗颈部应该全部充满水形成水柱。形成水柱的漏斗,可以借助水柱的重力抽吸漏斗内的液体,加快过滤速度。如果不能形成水柱,可以用手指堵住漏斗下口,稍稍掀起滤纸的一边,放开下面堵住出口的手指,水柱即可形成。

过滤时,先调整漏斗架的高度,使漏斗末端紧靠接收器内壁。然后倾倒溶液,倾倒时,应使搅拌棒指向三层滤纸处。漏斗中的液面高度应低于滤纸高度的2/3。

如果沉淀需要洗涤,应待溶液转移完毕,用少量洗涤剂洗涤两三遍,最后把沉淀转移到滤纸(图6-7)。

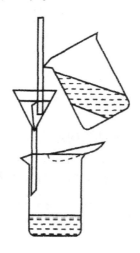

图6-7 常压过滤装置

②减压过滤。减压过滤的装置（图6-8）。减压过滤的原理是利用水泵冲出的水流带走空气，造成吸滤瓶内的压力减小，使布氏漏斗与瓶内产生压力差，从而加快过滤速度。减压过滤不宜过滤胶状沉淀和颗粒太小的沉淀，因为胶状沉淀容易穿透滤纸，颗粒太小的沉淀容易在滤纸上形成一层密实的沉淀，使溶液不易透过。

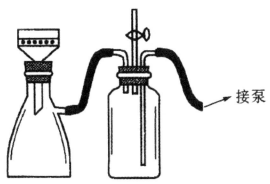

接泵

图6-8 减压过滤装置

减压过滤使用的滤纸大小应比漏斗内径略小，但又能全部覆盖布氏漏斗上的小孔。过滤时，先用少量水润湿滤纸，再打开水泵减压抽气，使滤纸紧贴在漏斗的瓷板上。然后用倾析法将溶液沿玻璃棒倒入漏斗，每次倒入量不超过漏斗容量的2/3，等上层清液滤下后，继续抽滤到沉淀被吸干为止。停止吸滤时，需先拔掉连接吸滤瓶和泵的橡皮管，再关水泵，以防止倒吸。有时候为了防止倒吸，可以在吸滤瓶和水泵之间装一个安全瓶。如果有必要，还需用合适的洗涤剂洗涤沉淀，除去沉淀中的杂质。

③热过滤。有些物质在溶液温度降低时，易成结晶析出。滤除这类溶液中所含的其他难溶性杂质，常用热滤漏斗进行过滤（图6-9），防止溶质结晶。

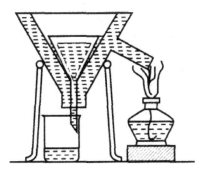

图6-9 热过滤示意图

过滤时，把玻璃漏斗放在铜质的热滤漏斗内，热滤漏斗内装有热水以维持溶液的温度。也可以把玻璃漏斗在水浴上用蒸气加热后再使用。热过滤选用的玻璃漏斗颈越短越好，以免滤液在漏斗颈内停留时间过久而析出晶体，使漏斗颈发生堵塞。

3.离心分离

当被分离的沉淀的量很小时，应采用离心分离法。

分离时，将沉淀和溶液放在离心管内，放入离心机中进行离心分离。如果沉淀需要洗涤，可以加入少量洗涤液，用玻璃棒充分搅动，再离心分离，如此反复2~3次。

使用离心机时，应从慢速开始，运转平稳后再加快转速。停止时，应让离心机自然停止，不能用手强制使其停止转动。为了使离心机在旋转时保持平衡，离心管要放在对称的位置上。如果只处理一只离心管，则可在对称位置放一只装有等量水的离心管。如果发生强烈振动或者破裂，应立即停止。

6.1.10 称量

1.天平的种类

天平是化学实验必不可少的称量仪器。常用的天平有托盘天平、电光天平、电子天平等。根据对质量准确度的要求不同，需要使用不同类型的天平进行称量。

（1）台秤

台秤又称托盘天平（图6-10），用于精度不高的称量，一般只能精确到0.1g。台秤的具体使用步骤如下。

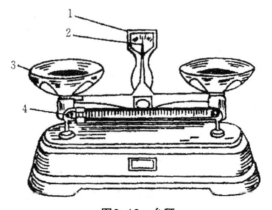

图6-10 台秤

1- 刻度板；2- 指针；3- 托盘；4- 游码

①称量前，先调节零点。具体的操作为：检查指针是否停留在刻度板的中间位置。如果指针不在中间位置，可调节天平托盘下面的平衡调节螺丝，使指针指在零点。

②称量时，左盘放称量物，右盘放砝码（1g以下是通过移动游码添加的）。当指针停留在刻度板中心附近时，砝码的总质量就是称量物的质量。砝码用镊子增减，不能用手直接抓取。

③记录所加砝码和游码的总质量。

④称量完毕，应将砝码放回砝码盒，游码移动至"0"刻度处。

使用台秤时应该注意：①台秤不能称量热的物体；②称量物不能直接放在托盘上，依情况将其放在纸上、表面皿中或容器内；③使用时，将台秤要放在水平的台面上；④保持托盘干净，如有试剂或者污物，应立即清除。

（2）分析天平

分析天平是定量分析中最重要、最常用的仪器之一，是根据杠杆原理设计而成的（即支点在力点之间）。

常用的分类有按结构分类和按精度分类两种。

天平按结构可以分为等臂和不等臂两类。常用的等臂天平有：摆动式天平、空气阻尼式天平、半自动电光天平、全自动电光天平等；不等臂天平有：单盘电光天平、单盘精密天平等。

天平也可以按照天平的精度分类：比如"万分之一天平"能精确到0.1mg；"十万分之一天平"能精确到0.01mg；"百万分之一天平"能精确到0.001mg。

分析天平是精密仪器，称量时要认真仔细，称量操作一般按照下列步骤进行：①首先检查天平是否水平，天平盘是否清洁，如有异常情况要报告指导老师。②接通电源，调节零点。③称量时将要称量的物品放在左盘，将砝码放在右盘，慢慢开动升降旋钮，观察光屏上标尺移动的方向（标尺总是向重盘方向移动）；关掉升降旋钮，增减砝码。这样反复加减砝码，使砝码和物体的重量接近到克位以后，转动圈码指数盘，直到光屏上的刻线停留在标尺投影的某个刻度处。④当光屏上的标尺稳定后，就可以在标尺上读出10 mg以下的重量。标尺上一大格为1mg，小格为0.1mg。读数后，关上升降旋钮。⑤称量完毕后，记下物体重量。然后，将圈码指数恢复到零，将砝码放回原来的盒子。拔下电源插头，罩上天平外罩，填写天平使用记录。常用的半自动电光天平示意图如图6-11所示。

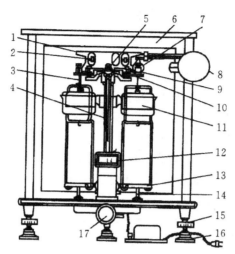

图6-11　半自动电光分析天平

1-天平梁；2-天平调节螺丝；3-蹬（吊耳）；4-指针；5-支点；6-框罩；7-环码；
8-指数盘；9-支柱；10-托叶；11-阻尼器；12-投影屏；13-天平盘；14-托盘；
15-天平足；16-垫脚；17-升降旋钮

（3）电子天平

电子天平为较先进的称量仪器，根据电磁力平衡原理设计，一般可以精确到）1mm。此类天平操作简便，自动化程度高，是目前最好的称量仪器。电子天平最基本的功能是自动调零、自动校准、自动扣除空白、自动显示称量结果。

电子天平由天平盘、显示屏、操作键、防风罩和水平调节螺丝等组成，其外观如图6-12所示。电子天平的品牌和型号很多，基本使用规程大同小异。

称量的基本操作步骤如下：①使用前，先检查水平仪是否水平。如不水平，需调节天平的水平调节螺丝，使天平水泡位于圆环中央位置。②接通电源，预热几分钟，按on/off键开机。天平自检，显示回零时，即可开始称量。③将称量容器放于天平称量盘上，其质量即从天平面板的屏幕上显示出来。按zero键调零（去皮）。④向称量容器中加入样品，再次置于托盘上称量，样品质量即从屏幕上显示出来。⑤称量结束后，长按on/off键关机，断掉电源，盖上防尘罩，并做好使用登记。该方法称为加重法。

实际使用时，也常常用到减量法称量。减量法的操作与上述操作的主要区别在于步骤中的第③步和第④步，将第③步改为称量样品及称量瓶的总质量，第④步改为称量并记录剩余样品和称量瓶的总质量。其余步骤与上面的加重法一样。

图6-12　电子分析天平

2.称量方法

在称量样品时，根据样品性质的不同，有直接法和差减法等不同的称量方法。

（1）直接法

如果固体样品无吸湿性，在空气中性质稳定，可以用直接法称量。称量时，可以用烧杯、表面皿或者称量纸做称量器皿。先准确称出称量器皿的质量，然后在右边加上相当于试样质量的砝码，再在左盘的称量器皿中逐渐加入待称量的试样，直到天平达到平衡。这种方法要求试样性质稳定，操作者技术熟练。

（2）差减法（或减量法）

易吸潮或者在空气中性质不稳定的样品，最好用差减法来称量。将试样装入称量瓶中，先准确称出称量瓶和试样的总质量，然后用纸条裹着取出称量瓶（图6-13）；在容器的上方将称量瓶倾斜，用称量瓶盖轻敲瓶口上部，使试样慢慢落入容器中，当倾出的试样量接近所需要的质量时将瓶竖起；再用称量瓶盖轻敲称量瓶上部，使黏在瓶口的试样全部落下，然后盖好瓶盖，称出称量瓶和剩余试样的总质量；两次质量之差就是倒出的试样质量。这种称量方法就叫差减法（或减量法）。

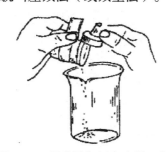

图6-13　用称量瓶倒出试剂示意图

称量瓶是带有磨口塞的小玻璃瓶，一般保存在干燥器中。它的质量较小，可直接在天平上称量，能防止试样吸收空气中的水分。称量瓶不能用手拿，要用干净的纸带套住称量瓶，小心用手拿住纸带两头。若从称量瓶中倒出的试剂太多，不能再倒回瓶中。

6.2 化学实验数据的表达与处理

6.2.1有效数字及其运算规则

1.有效数字

有效数字包括数据中所有确定的数字和一位不确定的数字。一般情况下，所测得数据的最后一位可能有上下一个单位的误差，被称为不确定数字。例如，用分析天平称量时，由于分析天平性能的限制，称量数据只能读到小数点后第四位。如果称量质量为6.468 3 g，该数的前四位都是确定的，最后一位是不确定数字，因此共有五位有效数字。又如，从滴定管读出某溶液消耗的体积为28.36 mL，由于最后一位数"6"是读数时根据滴定管的刻度估计的，"6"是不确定数字，因此28.36共有四位有效数字。实验中所有的数据应该都是有效的，故测量中所记录的数据最多只能保留一位不确定数字。

0~9这十个数字中，数字"0"可以是有效数字，也可以是定位用的无效数字。如滴定管读数可读准至±0.01 mL，在读数20.00 mL中，所有的"0"都是有效数字。如将单位改为L，该体积则写为0.020 00L，前面的两个"0"不能算作有效数字。在记录实验数据时，应该注意不要将末尾属于有效数字的"0"漏记，如将20.10 mL写为20.1 mL，将0.150 0 g写成0.15 g。

2.有效数字的修约规则

最终的分析结果，常常要经过若干测量数据的数学运算之后求得。而每个测量参数的有效数字位数却不尽相同，为了简化计算，常常需要舍去某些测量数据中多余的有效数字，这一过程称为有效数字的修约。

有效数字修约时采用"四舍六入五留双"的原则，当舍去的数字小于5时，即"舍"（不进位），如：0、1、2、3、4。当舍去的数字大于5时，即"入"（进位），如6、7、8、9。当被舍去的数字是5时，分为两种情况。

①如果5之后没有其他数字：当进位后形成双数，则"入"（进位）；当进位后形成单数，则"舍"（不进位）。

②如果5后面还有一些数字，则遵循这样的取舍原则：当5后面的数字并非全部是0时，进1；当5后面的数字全部为0时，前面一位数是奇数进1，是偶数舍去。当舍去的数字不止一位时，应一次完成修约过程，不得连续修约。

表6-3中列举了一些数据的修约过程。

表6-3　数据的修约

数据	保留两位有效数字	保留三位有效数字	保留四位有效数字
6.43	6.4		
6.47	6.5		
6.45	6.4	6.45	
6.450	6.4	6.45	
6.450 1	6.5	6.45	
6.465 0	6.5	6.46	6.465
16.485	16	16.5	16.48

3.有效数字的运算规则

在进行加减法运算时，结果的有效数字保留取决于绝对误差最大的那个数。各测量数据计算结果的小数点后保留的位数，应该与原数据中小数点后位数最少的那个数相同。例如，0.0224+68.13+2.0069，被加和的三个数据中，68.13小数点后只有两位，因此结果只应保留两位小数。在进行具体运算时，可按两种方法处理：一种方法是将所有数据都修约到小数点后两位，再进行具体运算；另一种方法是其他数据先修约到小数点后三位，即暂时多保留一位有效数字，运算后再进行最后的修约。两种运算方法的结果其尾数上可能差1，但都是允许的。

在进行乘除法运算时，结果的有效数字保留取决于相对误差最大的那个数。有时简单地认为2.65不是三位有效数字，而是两位。

进行偏差计算时，大多数情况只取一位或两位有效数字。遇到第一位数字≥8时，有效数字可多算一位，如9.05可看作四位有效数字。

计算器计算分析结果时，由于计算器上显示数字位数较多，要特别注意有效数字位数。

一般定量分析要求保留四位有效数字。有效数字位数保留过多，不但不能提高测定值的实际可靠性，反而增加了计算上的麻烦。

6.2.2预习报告

为了加深学生对准备实验内容的认识，尽快熟悉实验仪器，保证实验教学效果，要求学生每次实验之前充分预习，写出实验预习报告。

实验预习报告是为实验做准备的，要求写在实验记录本上，并留出记录实验数据的空间。预习报告要简单明了，主要包括以下几个方面：①实验目的；②实验原理（实验依据的原理及主要公式）；③实验用品（列出实验使用的仪器名称、型号以及所用试剂名称、纯度或浓度）；④实验步骤（书写内容要全面、准确、精炼）；⑤留出位置记录实验数据。

6.2.3原始记录

原始记录是化学实验原始情况的记载。

实验中直接观察测量到的数据叫原始数据，应该记在实验记录本上。实验过程中的各种测量数据以及有关现象应该及时准确的记录下来，不能随意抄袭和伪造。

原始记录用钢笔或者圆珠笔填写，要求清晰、工整，尽量采用一定的表格形式；原始数据不能随意更改，如果发现数据记错、算错或者测错需要改动时，可将该数据用横线划去，并在其上方写上正确的数字。实验过程中的各种仪器的型号以及标准溶液的浓度等也要记录下来。

6.2.4实验数据处理的表达方法

化学实验数据常用的表达方法主要有列表法、图解法。

1.列表法

列表法是化学实验数据最常用的表达方法。把实验数据按自变量和应变对应关系排列成表格，使得数据一目了然，便于进一步的检查和运算。一张完整的表格应该包含表格的序号、名称、项目、说明以及数据来源等五项内容。所记录的数据应该注意其有效数字位数。同一列的数据小数点要对齐，以便找出变化规律。

2.图解法

图解法也是实验数据处理中常用的重要方法之一。图形的特点是能直接显示数据的特点及其变化规律，从图中可以很容易看出数据的极大值、极小值、转折点以及周期性规律。数据作图以后，要注明图的名称、坐标轴代表的量的名称、所用单位以及测量条件。

6.2.5实验报告

实验结束后，要整理数据并写出实验报告。实验报告是学生对所做实验内容的总结和再学习，通过总结和整理实验数据，学会分析问题和解决问题的方法，为今后书写研究报告打下一定的基础。总结报告与预习报告的侧重点不同，总结报告强调对数据的处理和对问题的讨论。实验总结报告要求用统一的实验报告纸书写，具体格式包含以下几个部分。

①实验目的；②实验原理（实验依据的原理及公式，要求对讲义内容进行适当的删减和整理，保证该部分的篇幅不会太长）；③实验用品；④实验步骤（书写要精炼且内容要完整，能表现实验步骤的完整过程，必要时要作图使步骤更加直观）；⑤实验结果：要设计好数据处理表格，在表格中应列出所有实验原始数据及处理后的数据，处理数据时需要用到的计算公式要在表格下面注明具体公式。表格应有名称或编号。绘制图形时，一定要使用坐标纸。图形也要有图名或编号。一定要标明图中各坐标轴的名称和单位，必须注明单位刻度且标度要合理。最后应对实验结果作出详尽的分析讨论，找出实验失败的可能原因。

不同类型的实验，报告格式有所不同。下面列举了几个实验报告的格式范例，供大家写作时参考。

一、物理量测定实验

醋酸解离常数的测定（缓冲溶液法）

1.实验目的（略）

2.实验原理（略）

3.实验用品（略）

4.实验步骤

（1）配制不同浓度的醋酸溶液

实验室提供的醋酸浓度（　）mol／L

实验室提供的醋酸钠浓度（　）mol／L

醋酸溶液编号	1	2	3	4	5
加入醋酸的体积／mL					
加入醋酸钠的体积／mL					

（2）由稀到浓依次测定醋酸溶液的pH

（3）实验数据记录和结果处理

编号	pH	[H⁺]/（mol/L）	[HAc]/（mol/L）	[Ac⁻]/（mol/L）	pKa
1					
2					
3					
4					
5					

5.思考题（略）

二、性质实验

酸碱解离平衡

1.实验目的（略）

2.实验原理（略）

3.实验用品（略）

4.实验步骤（部分内容）

（1）同离子效应

实验步骤	实验现象	解释和结论
1mL 0.1mol/L的HAc+1滴甲基橙	溶液呈红色	HAc→Ac⁻+H⁺，加入NaAc，溶液中
1mL 0.1mol/L的HAc+1滴甲基橙+NaAc固体	溶液呈黄色	[Ac⁻]增大。平衡向左移动，H⁺减少，甲基橙由红色变为黄色

（2）缓冲溶液的性质

①缓冲溶液的配制及其pH的测定

②试验缓冲溶液的缓冲作用

③测去离子水的pH

5.思考题（略）

三、定量分析实验

盐酸溶液的配制和标定

1.实验目的（略）

2.实验原理（略）

3.实验用品（略）

4.实验步骤

（1）0.2mol/L盐酸溶液的配制

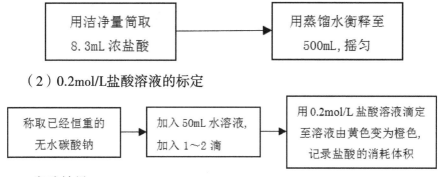

（2）0.2mol/L盐酸溶液的标定

5.实验结果

编号	1	2	3
m（Na$_2$CO$_3$）/g			
滴定管初读数/mL			
终读数/mL			
HCl净用量/mL			
c（HCl）（mol/L）			
$\bar{c}$（HCl）（mol/L）			
相对平均偏差			

第 7 章
无机化学实验

7.1 基础实验探究

7.1.1 实验一 仪器的认领、洗涤和天平的使用

1.实验目的

①熟悉化学实验室安全守则。

②了解无机化学实验目的、要求以及学习方法。

③熟悉常用仪器的名称、规格以及洗涤和干燥方法。

④学会称量瓶的使用，并掌握用直接称量法和减量法称量试样。

⑤了解实验预习报告、原始记录以及实验报告的书写要求和规范。

2.实验原理

化学实验中，常常用到水、电、气以及各种化学试剂，如果盲目操作，往往会造成各种事故。因此，了解和熟悉化学实验室安全守则及实验中事故的处理方法是很有必要的。

实验中，使用的器皿是否清洁对实验结果有着重要影响，因此使用前必须将器皿充分洗净并干燥。

天平是进行化学试剂定量的基础。托盘天平和电子天平是化学实验中最常用的均称量仪器。称量方法分为直接称量法和减量法：直接称量法又称为固定重量称量法或加重法，适用于不吸水并在空气中性质稳定的试样；减量法又称差减法，适用于易吸水、易氧化或易与发生反应的物质。

3.实验用品

（1）试剂

无水乙醇、乙醚、H_2SO_4（浓）、NaOH(s)、$CaCO_3$。

（2）仪器

无机化学实验常用仪器，台秤、电子天平、称量瓶、烘箱等。

4.实验步骤

①按实验清单，认领无机化学实验常用的化学仪器一套，并熟悉它的名称、规格、用途、使用方法和一些注意事项。

②洗涤认领的仪器，并选用适当方法干燥洗涤后的仪器。

③用直接称量法准确称取0.500 0g给定固体样品（精确到小数点后四位）两份。

④用差减法称0.530 0~0.540 0g给定固体样品三份。

5.实验结果

（1）直接称量法

直接称量法的结果填入表7-1。

表7-1　直接称量法

	称量瓶或表面皿的质量/g	样品+称量瓶或表面瓶的总质量	样品的质量/g
1			
2			

（2）差减法

差减法的结果填入表7-2。

表7-2　差减法

	样品+称量瓶或表面皿的总质量m₁/g	样品+称量瓶或表面皿的总质量m₂/g	样品的质量m₃/g（M₁-M₂）
1			
2			
3			

思考题

1.烘干试管时为什么管口略向下倾斜？

2.什么样的仪器不能用加热的方法进行干燥，为什么？

3.画出离心试管、多用滴管、量筒、容量瓶的简图，讨论其规格、用途和注意事项。

7.1.2实验二　玻璃棒、滴管的制作

1.实验目的

①练习玻璃管（棒）的截断、弯曲、拉制和熔光等基本操作。

②完成玻璃棒、滴管和弯管的制作。

2.实验步骤

（1）酒精喷灯的使用

酒精喷灯的使用方法在前文已经讲过，故此处不再赘述。

（2）玻璃加工

①玻璃管（棒）的截断。将玻璃管（棒）平放在桌面上，左手按住要切割的部位，右手用锉刀的棱边用力锉出一道凹痕（图7-1）。锉刀切割的

部位须按一个方向锉。为保证截断后的玻璃管（棒）截面是平整的，锉出的凹痕应与玻璃管（棒）垂直。然后双手持玻璃管（棒），两拇指齐放在凹痕背面[图7-2（a）]，并轻轻地由凹痕背面向外推折，同时两食指和拇指将玻璃管（棒）向两边拉[图7-2（b）]，将玻璃管（棒）截断。若截面不平整，则不合格。

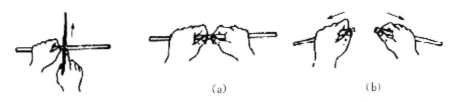

图7-1 玻璃管的锉痕　　　　**图7-2 玻璃管的截断**

②熔光切割的玻璃管（棒）的截断面的边缘很锋利，要使其变平滑须放在火焰中熔烧，此过程称为熔光（或圆口）。熔烧时，玻璃管（棒）的一头插入火焰中成45°角熔烧，并不断来回转动玻璃管（棒），直至管口平滑。

熔烧时，加热时间过短，管（棒）口不平滑；过长，管径会变小。而玻璃管转动不匀，会使管口不圆。灼热的玻璃管（棒），应放在石棉网上冷却，切不可直接放在实验台上，以免烧焦台面。亦不可用手触碰，以免烫伤。

③弯曲。一方面，烧管。首先将玻璃管用小火预热一下，之后双手持玻璃管，一定要把要弯曲的部位斜插入喷灯（或煤气灯）火焰中，这样可以增大玻璃管的受热面积（也可以在灯管上罩以鱼尾灯头扩展火焰，用来增大玻璃管的受热面积），如若灯焰较宽，将玻璃管平放于火焰中亦可，同时缓慢、均匀地连续转动玻璃管，使之受热均匀（图7-3）。两手则要用力均等，转速要一致，以免玻璃管在火焰中变形。加热到玻璃管发黄变软的时候，才可以从焰中取出，进行弯管。

另一方面，弯管。将变软的玻璃管取离火焰后稍等一两秒钟，使各部温度均匀，用"V"字形手法（两手在上方，玻璃管的弯曲部分在两手中间的正下方）缓慢地将其弯成所需的角度。弯好后，待其冷却变硬才可撒手，将其放在石棉网上继续冷却。冷却后，应检查其角度是否准确，整个玻璃管是否处于同一个平面上。120°以上的角度可一次弯成，但弯制较小角度的玻璃管时，如果灯焰较窄，同时玻璃管受热面积较小，则需分几次弯制（切不可一次完成，否则弯曲部分的玻璃管就会变形）。开始弯成一个较大的角度，其次在第一次受热弯曲部位稍偏左或稍偏右处进行第二次加热弯曲，这般进行第三次、第四次的加热弯曲，直到变成所需的角度为止（图7-4）。

图7-3　烧管方法　　　　　　　图7-4　弯管的方法

（3）制备毛细管和滴管

第一步，烧管。当拉细玻璃管的时候，加热玻璃管的方法与弯曲玻璃管时基本一致，不过烧得时间就要长一些，当玻璃管软化程度更大一些的时候，烧到红黄色。

第二步，拉管。待玻璃管烧成红黄色软化以后，从火焰取出，两手顺着水平方向边拉边旋转玻璃管，拉到所需要的细度时，一手持玻璃管向下垂一会儿。冷却后，按需要长度截断，形成两个尖嘴毛细管。如果有要求细管部分具有一定厚度的话，要在加热过程中当玻璃管变软之后，让其轻缓向中间挤压，缩短它的长度，让它的管壁增厚，之后按上述方法拉细。

第三步，制滴管的扩口。将未拉细的另一端玻璃管口以45°角斜插入火焰中加热，并不断转动。待管口灼烧至红色后，用金属锉刀柄斜放入管口内迅速而均匀地旋转，将其管口扩开。另一扩口的方法是待管口烧至稍软化后，将玻璃管口垂直放在石棉网上，轻轻向下按一下，将其管口外卷。冷却后，安上橡胶头即成滴管。

3.实验用具的制作

①玻璃棒：切取20 cm长的小玻璃棒，将玻璃棒两端熔光、冷却，洗净后便可使用。

②小试管的玻璃棒：截取18 cm长的小玻璃棒，将中部放到火焰上加热。冷却后用三角锉刀在细处切断，并将切断处熔成小球，将玻璃棒另一端熔光、冷却，洗净后便可使用。

③乳头滴管：截取26 cm长（内径约5 mm）的玻璃管，将中部放到火焰上加热。要求玻璃管细部的内径为1.5 mm，毛细管长约7 cm，切断并将切口熔光。把尖嘴管的另一头加热至发红变软，之后在石棉网上压一下，让它的管口外卷，等冷却之后，再套上橡胶乳头就制成乳头滴管。

④60°和120°弯管的制作：切取一段玻璃管，将中部置火焰上加热，弯好60°角后，再弯120°角。

4.注意事项

①切割玻璃管、玻璃棒时要防止划破手。

②使用酒精喷灯前，必须先准备一块湿抹布备用，以防失火。

③灼热的玻璃管、玻璃棒，须放在石棉网上冷却，切不可直接放在实

验台上，防止烧焦台面；未冷却之前，不可用手触摸，以防烫伤。

5.思考题

（1）酒精灯和酒精喷灯的使用过程中，应注意哪些安全问题？

（2）在加工玻璃管时，应注意哪些安全问题？

（3）切割玻璃管（棒）时，应怎样正确操作？

7.1.3实验三 化学反应速率与活化能的测定

1.实验目的

①掌握二硫酸铵与碘化钾反应的速率、反应级数、速率常数和反应的活化能的测定方法。

②验证浓度、温度、催化剂对化学反应速率的影响。

③学会用Excel软件对数据进行简单处理。

2.实验原理

本实验是通过水溶液中的二硫酸铵和碘化钾这一慢速反应，采用初始速率法，用不同浓度、温度下反应速率的差异去求速率常数、反应级数及活化能。二硫酸铵和碘化钾溶液中发生如下反应：

$$(NH_4)_2S_2O_8+3KI=(NH_4)_2SO_4+K_2SO_4+KI_3 \qquad (1)$$

其离子方程式为

$$S_2O_8^{2-}+3I^-=2SO_4^{2-}+I_3^-$$

速率方程式为

$$v=kc^m(S_2O_8^{2-})c^n(I^-)$$

式中，$c(S_2O_8^{2-})$为反应$c(S_2O_8^{2-})$的起始浓度；$c(I^-)$为反应(I^-)的起始浓度；v为该温度下的瞬时速率；k为速率常数；m为$S_2O_8^{2-}$；反应级n数为I^-的反应级数。

近似地利用平均速率代替瞬时速率v，则

$$v=kc^m(S_2O_8^{2-})c^n(I^-)\approx-\frac{\Delta c(S_2O_8^{2-})}{\Delta t}=\overline{v}$$

为了测定△t时间内$S_2O_8^{2-}$的浓度变化，在反应体系中加入一定量已知浓度$Na_2S_2O_8^{2-}$溶液和指示剂淀粉溶液进行检测。原理是反应（1）进行的同时，KI与$Na_2S_2O_3$发生如下反应：

$$2S_2O_3^{2-}+I_3^-=S_4O_6^{2-}+3I^- \qquad (2)$$

反应（2）为快反应，可瞬间完成，而反应（1）为慢反应，反应（1）生成的I_3^-立即与$S_2O_3^{2-}$作用，生成无色的$S_4O_6^{2-}$和I^-，一旦$Na_2S_2O_3$耗尽，反应（1）生成的I_3^-马上与淀粉作用，使得溶液显示蓝色，记录溶液变蓝所用时

间 Δt。

Δt 即为 $Na_2S_2O_3$ 完全反应所用时间，由于实验中所用 $Na_2S_2O_3$ 的起始浓度相等，因而每份反应在所记录时间内 $\Delta c(S_2O_3^{2-})$ 都相等，从反应（1）和反应（2）中的关系可知，$S_2O_3^{2-}$ 所减少的物质的量是 $S_2O_8^{2-}$ 的两倍，每份反应的 $c(S_2O_8^{2-})$ 都相同，即有如下关系：

$$\bar{v} = \frac{-\Delta c\left(S_2O_8^{2-}\right)}{\Delta t} = \frac{\Delta c\left(S_2O_3^{2-}\right)}{2\Delta t} = \frac{c\left(S_2O_3^{2-}\right)}{2\Delta t}$$

3.实验用品

（1）试剂

KI（0.2 mol/L），$(NH_4)_2S_2O_8$（0.2 mol/L），$(NH_4)_2SO_4$（0.2 mol/L），$Cu(NO_3)_2$（0.1 mol/L），NaS_2O_3（0.01 mol/L），KNO_3（0.2 mol/L），H_2O_2（10%），MnO_2（固体），淀粉0.2，锌粉，冰。

（2）仪器

量筒、烧杯（100 mL）、温度计、秒表、恒温水浴锅。

4.实验步骤

（1）浓度对化学反应速率的影响

在室温下，分别用三只量筒取20 mL 0.2 mol/L的KI、4 mL 0.2％的淀粉、8 mL 0.01 mol/L的 NaS_2O_3 溶液，倒入100 mL烧杯中，搅匀。然后用另一只量筒量取20 mL 0.2 mol/L的 $(NH_4)_2S_2O_8$ 溶液，迅速加入到该烧杯中，计时并不断搅拌，至溶液变蓝，读数，记下反应的时间和温度。用同样的方法完成实验，并记录时间。为使每次实验中离子浓度和总体积不变，不足的量分别用0.2 mol/L的 KNO_3 溶液和0.2 mol/L的 $(NH_4)_2SO_4$ 溶液补足。

（2）温度对化学反应速率的影响

按各试剂的用量，在分别比室温高10℃、20℃的温度条件下进行实验。具体为将KI、淀粉、$Na_2S_2O_3$ 和 KNO_3 溶液放在一个100 mL烧杯中混匀，$(NH_4)_2S_2O_8$ 放在另一烧杯中，水浴加热至所需温度后，将 $(NH_4)_2S_2O_8$ 溶液迅速倒入等混合液中，同时计时并不断搅拌，当溶液刚出现蓝色时，读数，记下反应时间和反应温度。

5.催化剂对化学反应速率的影响

（1）单相催化

按各试剂的用量将KI、$Na_2S_2O_3$、KNO_3 和淀粉加入到100 mL烧杯中，再加入催化剂 $Cu(NO_3)_2$ 溶液，混匀并迅速加入 $(NH_4)_2S_2O_8$ 溶液，同时开始记录时间，搅拌至溶液刚变蓝，比较反应速率。

（2）多相催化

取2支试管，分别加入2 mL 10%的溶液，在一支试管中加入少量的已灼烧过的MnO_2固体粉末，观察比较两支试管中气泡产生的速率。

6.接触面对化学反应速率的影响

在装有2 mL 0.1 mol/L的$CuSO_4$溶液的两支试管中分别加入少量锌粒和锌粉，观察颜色变化的快慢。

7.思考题

（1）本实验中为什么可以由反应溶液出现蓝色时间的长短来计算反应速率？反应溶液出现蓝色后，反应是否终止？

（2）在实验过程中，向混合液中加入溶液时，为什么必须迅速倒入？

（3）若用浓度变化来表示反应速率，则反应速率常数k是否一样？

7.2 设计及综合性实验探究

7.2.1实验一 铬配合物的制备及分光化学序测定

1.实验目的

①了解某些铬配合物的一般制备方法。

②通过测定铬配合物吸收光谱，学会晶体场分裂能（Δ）计算方法；了解不同配体对配合物中心离子d轨道能级分裂的影响。

③掌握配体的分光化学序及其应用。

2.基本原理

大多数配合物为有色化合物，通常晶体场理论能较好解释配合物呈现颜色的原因。晶体场理论指出，配合物中心离子简并的价电子轨道由于空间伸展方向不同在配体场作用下价电子轨道发生能量分裂后会发生电子跃迁。由于大多数配合物中心离子为过渡元素离子，现以过渡元素配合物为例，其中心离子价电子层有5个空间伸展方向不同的简并d轨道，在不同配体场的作用下，d轨道的分裂形式和分裂轨道间的能量差也不同。

电子在分裂的d轨道之间的跃迁称为d-d跃迁，由于d-d跃迁的能量在可见光区的能量范围，因此过渡金属配合物有颜色。

分裂后的d轨道之间的能量差称为分裂能，用Δ表示。Δ值的大小受中心离了的电荷、周期数、d电了数和配体性质等因素的影响。由实验总结得出诸因素影响的一般规律为：

对于相同的中心离子，不同的配体，Δ值随配体的不同而不同，其大小

顺序为

$I^- < Br^- < Cl^-$、$CNS^- < F^- < C_2O_4^{2-} < H_2O < SCN^- < EDTA < NH_3 < en < SO_3^{2-} < NO_2^- < CN$

Δ值的次序称为光谱化学序列。当配合物中的配体被序列右边的配体所取代，则吸收峰朝短波方向移动。光谱化学序列是一个近似的规则，在某些金属配合物中，序列中相邻配体的次序可能会发生变化。

分裂能可通过测定配合物吸收光谱再经过计算得到。Δ值计算如下：

$$\Delta = \frac{hc}{\lambda} \times 10^7 \left(cm^{-1} \right)$$

不同d电子及不同构型的配合物的吸收光谱是不同的，因此计算分裂Δ值的方案也各不同。在八面体和四面体的配体场中，配离子的中心离子的电子数为d1、d4、d6、d9，其吸收光谱只有一个简单的吸收峰，根据此吸收峰位置的波长计算Δ值；配离子的中心离子的电子数为d2、d3、d7、d8，其吸收光谱应该有三个吸收峰，对于八面体配体场的d3、d8电子和四面体配体场中的d2、d6电子，由吸收光谱中最大波长的吸收峰位置的波长计算Δ值；对八面体场中的d2、d7电子和四面体配体场中的d3、d8电子，由吸收光谱中最大波长的吸收峰和最小波长的吸收峰之间的波长差计算Δ值。

本实验中，铬配合物的中心离子Cr^{3+}为d3结构，因此测出配合物吸收曲线并找出最大吸收光谱数据，计算在各种配体情况下的Δ值，可得到光谱化学序列。

3.实验用品

（1）试剂

$CrCl_3 \cdot 3H_2O$，甲醇，锌片，无水乙二胺，乙醚，KSCN，$KCr(SO_4)_2 \cdot 12H_2O$乙醇，乙酰丙酮，10%H_2O_2，冰盐，苯，硝酸铬，Na_2H_2EDTA，$K_2C_2O_4 \cdot H_2O$，$K_2Cr(SO_4)_2 \cdot 12H_2O$，$H_2C_2O_4 \cdot 2H_2O$，$K_2Cr_2O_7$，$CrCl_3 \cdot 6H_2O$，$AgNO_3$。

（2）仪器

分光光度计、容量瓶、烧杯、量筒、玻璃棒、漏斗、减压过滤装置、电炉、水浴锅、棕色瓶、pH试纸。

4.实验步骤

（1）铬配合物的制备

①[Cr(en)$_3$]Cl$_3 \cdot 3H_2O$的合成。在三颈烧瓶中依次加入5.4 g的[Cr(en)$_3$]Cl$_3 \cdot 3H_2O$、10mL甲醇和小块Zn片，水浴加热回流10 min，再加入8 mL无水乙二胺，加热反应1h，冷却、过滤，分别用含有10%甲醇的无水乙二胺和乙醚洗涤沉淀，产品置棕色瓶中保存。称取0.15 g产品，加水溶解，转移至100 mL容量瓶中，用水定容备用。

②$K_3[Cr(SCN)_6] \cdot 4H_2O$的合成。称取6 gKSCN和5 g $K_2Cr(SO_4)_2 \cdot 12H_2O$，将其溶于少量水中，煮沸30min，搅拌加入5mL乙醇，待硫酸钾晶体析出，过滤，将滤液浓缩，冷却得暗红色晶体，乙醇重结晶，得紫色产物。称取0.015g产品，加水溶解，转移至100 mL容量瓶中，用水定容备用。

③$K_3Cr(C_2O_4)_3 \cdot 3H_2O$的合成。称取2.3g $K_2C_2O_4 \cdot H_2O$和5.5g $H_2C_2O_4 \cdot 2H_2O$，溶解在80 mL水中，搅拌加入研细的$K_2Cr_2O_7$1.9 g，反应完后蒸发浓缩，冷却得深绿色晶体。称取0.15 g产品，加水溶解，转移至100 mL容量瓶中，用水定容备用。

④Cr(acac)3的合成。锥形瓶中加入4.7g $CrCl_3 \cdot 6H_2O$和20 mL乙酰丙酮，并在85℃的水浴中加热，同时缓慢滴加30 mL10%的H_2O_2溶液，至溶液呈紫红色，将锥形瓶置于-12℃冰盐浴中冷却，滴加$AgNO_3$，析出紫红色沉淀，加苯，过滤，得Cr(acac)3的苯溶液，加热蒸发除苯，用冷乙醇洗涤得到紫红晶体，干燥后，称取0.04 g，溶于25 mL苯中制得[Cr(acac)_3]苯溶液。

⑤$[Cr(EDTA)_3]^-$的合成。在25 mL水中加入0.25 g乙二胺四乙酸二钠盐，加热溶解，将pH调到3～5，然后加入0.25 g $CrCl_3 \cdot 6H_2O$，稍加热得紫色的$[Cr(EDTA)_3]^-$，配合物溶液（$c=0.008$ mol/L）。

⑥$[Cr(H_2O)]^{3+}$的合成。在50 mL水中，加入0.4 g硝酸铬溶解，得紫蓝色的$[Cr(H_2O)]^{3+}$溶液（$c=0.04$ mol/L）。

（2）铬配合物吸收光谱测定

取已配制好的铬配合物溶液，放入1 cm比色皿中，用721型分光光度计在360～700 nm分别测定各配合物溶液的透光率（每10 nm读一次数据）。

5.实验结果

①记录各配合物在不同波长时的透光率。

②以波长λ（nm）为横坐标，透光率（T）为纵坐标作图，即得到配合物的电子吸收光谱。

③由电子吸收光谱确定最大波长的吸收峰位置，并计算不同配体的Δ_0。由Δ_0值的相对大小排出上述配体的分光化学序。

7.2.2实验二 常见阴离子的分离与鉴定

1.实验目的

①了解阴离子分离与鉴定的一般原则。

②掌握常见阴离了分离与鉴定的原理和基本操作方法。

2.实验原理

许多非金属元素可以形成简单的或复杂的阴离子，如S^{2-}、Cl^-、Br^-、

NO_3^- 和 SO_4^{2-} 等；许多金属元素也可以以复杂阴离子的形式存在，如 NO_3^-、CrO_4^{2-}、$Al(HO)_4^-$ 等。所以，阴离子的总数很多。常见的重要阴离子有 Cl^-、Br^-、NO_3^-、SO_4^{2-}、NO_2^-、PO_4^{3-}、CO_3^{2-} 等十几种，这里主要介绍它们的分离与鉴定的一般方法。

许多阴离子只在碱性溶液中存在或共存，一旦溶液被酸化，它们就会分解或相互间发生反应。酸性条件下易分解的有 NO_2^-、SO_3^{2-}、$S_2O_3^{2-}$、S^{2-}、CO_3^{2-}。

酸性条件下氧化性离子可与还原性离子发生氧化还原反应。还有一些离子容易被空气氧化。

由于阴离子间的相互干扰较少，实际上许多离子共存的机会也较少，因此大多数阴离子分析一般都采用分别分析的方法，只有少数相互有干扰的离子才采用系统分析法，如 S^{2-}、SO_3^{2-}、Cl^-、Br^-、I^- 等。混合离子鉴定时，需利用性质相近离子的不同特性先进行分离，再利用特性进行分析。

利用常见阴离子的特性来进行鉴定。

①挥发：遇酸生成气体。

②沉淀：形成难溶盐的性质。

③氧化还原：氧化还原性。

④特效反应：即各离子的特效反应。

3.实验用品

（1）试剂

HCl（6 mol/L），HNO_3（6 mol/L），HAc（6 mol/L），H_2SO_4（3 mol/L），H_2SO_4（浓），BaCl_2（0.1 mol/L），AgNO_3（0.1 mol/L），KI（0.1 mol/L），KMnO_4（0.1 mol/L），(NH_4)_2MnO_4，氨水（2 mol/L），石灰水（饱和），FeSO_4（固体），CCl_4，锌粉，淀粉 –I2 试剂，1% 亚硝铣铁氰化钠、$α$– 萘胺、对氨基苯磺酸、pH 试纸。

（2）仪器

内试管、离心试管、点滴板、滴管、酒精灯、烧杯、离心机等。

4.实验步骤

（1）已知阴离子混合液的分离与鉴定

按例题格式，设计出合理的分离鉴定方案，分离鉴定下列三组阴离子。

① CO_3^{2-}、SO_4^{2-}、NO_3^-、PO_4^{3-}。

② Cl^-、Br^-、I^-。

③ S^{2-}、SO_3^{2-}、$S_2O_3^{2-}$。

（2）未知阴离子混合液的分析

某混合离子试液可能含有 CO_3^{2-}、NO_2^-、NO_3^-、PO_4^{3-}、SO_3^{2-}、$S_2O_3^{2-}$、SO_4^{2-}、

S^{2-}、Cl^-、Br^-、I^-，按下列步骤进行分析，确定试液中含有哪些离子。

①初步检验。首先用pH试纸测试未知试液的酸碱性。如果溶液呈酸性，哪些离子不可能存在？如果试液呈碱性或中性，可取试液数滴，用3 mol/L的H_2SO_4酸化并水浴加热。若无气体产生，表示这些离子不存在；如果有气体产生，则可根据气体的颜色、气味和性质初步判断哪些阴离子可能存在。

②钡组阴离子的检验。在离心试管中加入几滴未知液，加入1～2滴1 mol/L $BaCl_2$溶液，观察有无沉淀产生。

③银盐组阴离子的检验。取几滴未知液，滴加0.1 mol/L的$AgNO_3$溶液。如果立即生成黑色沉淀，表示有S^{2-}存在；如果生成白色沉淀，迅速变黄变棕变黑。如有黑色沉淀，则它们有可能被掩盖。离心分离，在沉淀中加入6 mol/L的HNO_3，必要时加热。若沉淀不溶或只发生部分溶解，则表示有可能Cl^-、Br^-、I^-存在。

④氧化性阴离子检验。取几滴未知液，用稀H_2SO_4溶液酸化，加$CCl_4$5～6滴，再加入几滴0.1mol/L的KI溶液。振荡后，CCl_4层呈紫色，说明有NO_2^-存在（在此处判断时必须先排除干扰，若溶液中有$S_2O_3^{2-}$等，酸化后NO_2^-先与它们反应而不一定氧化I^-，CCl_4层无紫色不能说明无NO_2^-）。

⑤还原性阴离子检验。取几滴未知液，用稀H_2SO_4酸化，然后加入1～2滴0.01mol/L的$KMnO_4$溶液。若$KMnO_4$的紫红色褪去，表示可能存在$S_2O_3^{2-}$、S^{2-}、Cl^-、Br^-、NO_2^-等还原性离子。如果未知液用稀H_2SO_4酸化后还能使淀粉－碘溶液的蓝色褪去，说明可能存在S^{2-}、SO_3^{2-}、$S_2O_3^{2-}$等强还原性离子。

根据①～⑤实验结果，判断有哪些离子可能存在？

根据初步试验结果，对可能存在的阴离子进行确证性试验。

5.注意事项

①离心机安放要求水平、稳固，离心前必须将放置于对称位置上的离心套筒、离心试管及离心液进行平衡，以达到力矩平衡。

②离心试管盛液不宜过满，避免腐蚀性液体溅出腐蚀离心机，同时造成离心不平衡。

③离心完毕应关电源，等待转轴自停，严禁用手助停，以免伤人损机，使沉淀泛起。

7.2.3实验三　铝合金表面图形化

1.实验目的

①掌握铝的两性特征。

②了解铝合金表面图纹化的基本原理和方法。

2.实验原理

铝及铝合金是一类非常重要的有色金属，在工业和日常生活中有着非常广泛的应用。铝合金具有较高的力学强度、硬度、耐磨性、耐蚀性以及易于加工等优良性质，可作为航空航天、汽车船舶的重要结构材料，亦是家居装修装潢不可或缺的建筑材料。

铝及铝合金的图纹装饰是通过对其进行部分刻蚀，获得一定深度的图形或文字，然后在其上着色，从而达到具有立体感的彩色装饰效果。生活中的招牌制作、仪器设备表面图文刻印、薄片零件复杂的线路刻印都属于此类工艺。铝及铝合金的图文主要通过化学刻蚀或电解刻蚀得到。化学刻蚀采用有机保护胶局部保护不需刻蚀的部位，利用铝的两性特征，选择合适浓度的酸或碱溶解铝及铝合金。该方法具有工艺简单、刻蚀速度快、经济且效果好等优点。

相关反应式如下：

$$2Al(s)+6H^+(aq)\longrightarrow 2Al^{3+}(aq)+3H_2(g)$$

$$2Al(s)+2OH^-(aq)+6H_2O(l)\longrightarrow 2Al(OH)_4^-(aq)+3H_2(g)$$

化学刻蚀图纹化基本工艺流程如下：碱性化学除油—（水洗—抛光）—水洗—干燥—上胶—烘干—刻蚀（化学或电化学刻蚀）—水洗—除膜—水洗—（着色）—干燥。

3.实验用品

（1）试剂

铝合金片、油墨、丝网、氢氧化钠、碳酸钠、硝酸（1:1）、硝酸钠、亚硝酸钠、十二水合磷酸钠、硫酸、丙酮，氯化钠。

（2）仪器

大烧杯、丝印台、稳定直流电源、磁力加热搅拌器、烘箱、透明胶带、竹镊、手套等。

4.实验步骤

（1）配方

①除油。氢氧化钠：50～55 g/L（2.6 g/50 mL）。

②抛光。碱液配方：（选作!注意安全!）

（根据以上比例计算所需试剂用量）

氢氧化钠：160～200 g/L

硝酸钠：l50～180 g/L

亚硝酸钠：135～150 g/L

磷酸钠：l00～120 g/L，最好选125 g/L

③刻蚀。稀盐酸5%。

④阳极氧化。硫酸：160～200 g/L，140 mL15% H_2SO_4。

（注：根据我们样品的大小配不同体积溶液!不要浪费!会产生腐蚀烟雾，保护胶气味较大，都在通风橱中操作）

（2）化学刻蚀

①除油。将铝合金放入配制好的碱洗液中，在30℃～40℃的碱液中反应2～3 min，之后要用去离子水清洗干净，备用。

②抛光。将除完油的铝合金片放入配制好的碱性抛光液中，控制温度在60℃～70℃，反应时间30～60 s（要严格控制时间），用去离子水清洗干净，备用。（砂面效果）

③图案印制。采用丝网印制的方法获得图案。将印有图案的丝网固定在丝印台上，将待印制铝合金片对准图案，用调墨刀取少量油墨于一次性塑料杯中，加10%左右开油水搅拌均匀，使油墨粘度降低至便于印制。注意也不能太稀，否则使得丝印后成膜太薄，不利后期的保护。（一般丝印在基材上的厚度为20～25 um，烘干后厚度在10～15 um）取少量油墨置于图案上方，用刮板控制油墨小心均匀用力刮过图案，使铝合金片上印上所需图案。用对流式烘箱烘烤：110℃烤30 min。使油墨完全干燥。

④刻蚀。40℃下放入刻蚀液中刻蚀。根据喜好刻蚀不同的时间，达到预期效果后取出，去离子水冲洗表面。

⑤除去掩膜。用2％的氢氧化钠溶液除蓝色掩膜，温度控制在40℃~50℃，15~30 s。也可用丙酮擦拭去除。认真冲洗去除表面残留离子。

⑥沸水生成保护膜。将刻蚀好的铝合金片放在沸水中煮1~2 min，表面会生成一层氧化铝保护膜，以便保存。铝合金颜色会因膜厚不同而有一定变化。

（3）电化学刻蚀

①按上述方法进行铝合金表面的碱洗和抛光。

②用镂空剪纸的方法用单面不干胶纸剪出所需印制图案，小心将花样贴在想要刻蚀的金属表面，压紧。

③用透明胶带仔细封闭图案周边，使得不要被腐蚀的金属面被有效的

保护。

④将正极鳄鱼夹夹在金属片其他部分，开启电源，电压控制在5V左右。负极用棉签或包裹小块毛毡的电极头蘸取少量NaCl溶液，轻轻涂在需要腐蚀的区域保持20~30 s。

⑤检查腐蚀情况，达到满意的图案效果后关闭电源，去除绝缘胶带等保护部分，用清水充分洗涤去除刻蚀表面盐溶液，拭干。

5.注意事项

①若抛光的温度过高，反应剧烈会放出大量的热导致抛光液沸腾，要防止抛光液溢出，严格的控制反应时间。

②所有反应在通风橱中进行。

③实验中要注意强酸强碱的伤害，注意安全。

④印刷过程中，由于堵网或停留时间较长需要擦洗网面时用力不要过大，否则会造成模板损伤而漏油。擦洗时注意避免擦洗图案处，主要清洗印刷面。

参考文献

[1]大连理工大学无机化学教研室. 无机化学（第4版）[M]. 北京：高等教育出版社，2001.

[2]浙江大学普通化学教研室. 普通化学（第5版）[M]. 北京：高等教育出版社，2002.

[3]董惠茹. 仪器分析[M]. 北京：化学工业出版社，2000.

[4]张金桐. 普通化学[M]. 北京：中国农业出版社，2004.

[5]刘耘，周磊. 无机及分析化学[M]. 济南：山东大学出版社，2001.

[6]潘祖仁. 高分子化学（第5版）[M]. 北京：化学工业出版社，2011.

[7]曲保中，朱炳林，周伟红. 新大学化学[M]. 北京：科学出版社，2002.

[8]揭念芹. 基础化学I（无机及分析化学）[M]. 北京：科学出版社，2000.

[9]南京大学《无机及分析化学》编写组. 无机及分析化学[M]. 北京：高等教育出版社，2002.

[10]董炎明，张海良. 高分子科学简明教程（第2版）[M]. 北京：科学出版社，2015.

[11]钟佩珩. 分析化学（第3版）[M]. 北京：化学工业出版社，2001.

[12]李梅君，陈娅如. 普通化学[M]. 上海：华东理工大学出版社，2001.

[13]张广强，吴世德. 分析化学（化学分析）（第3版）[M]. 北京：学苑出版社，2001.

[14]黄蔷蕾，呼世斌. 无机及分析化学[M]. 北京：中国农业出版社，2004.

[15]何凤姣. 无机化学（第2版）[M]. 北京：科学出版社，2006.

[16]董元彦. 无机及分析化学（第3版）[M]. 北京：科学出版社，2011.

[17]朱明华. 仪器分析（第3版）[M]. 北京：高等教育出版社，2001.

[18]郭永. 仪器分析[M]. 北京：地震出版社，2001.

[19]潘才元. 高分子化学[M]. 合肥：中国科学技术大学出版社，2001.

[20]钟佩珩. 分析化学（第3版）[M]. 北京：化学工业出版社，2001.

[21]张正奇. 分析化学（第2版）[M]. 北京：科学出版社，2006.

[22]徐春祥，曹凤歧. 无机化学（第2版）[M]. 北京：高等教育出版社，2008.

[23]浙江大学编. 无机及分析化学[M]. 北京：高等教育出版社，2003.

[24]浙江大学普通化学教研组. 普通化学（第5版）[M]. 北京：高等教育出版社，2006.

[25]李龙泉，林长山，朱玉瑞，等. 定量化学分析（第2版）[M]. 合肥：中国科学技术大学出版社，2005.

[26]张兴晶，常立民. 无机化学[M]. 北京：北京大学出版社，2016.

[27]王秀彦，马凤霞. 无机及分析化学[M]. 化学工业出版社，2016.

[28]郭文录，袁爱华，林生岭. 无机与分析化学[M]. 黑龙江：哈尔滨工业出版社，2013.

[29]高敏，胡敏，和玲. 无机与分析化学实验[M]. 陕西：西安交通大学出版社，2015.

[30]苑臣，夏百根. 普通化学[M]. 北京：中国农业出版社，2002.